迈向自立自强

中国科技会堂论坛
CHINA HALL OF SCIENCE AND TECHNOLOGY FORUM

第3辑

中国科学技术协会◎编

中国科学技术出版社
·北　京·

图书在版编目（CIP）数据

迈向自立自强：中国科技会堂论坛.第3辑/中国科学技术协会编.--北京：中国科学技术出版社，2025.5.--ISBN 978-7-5236-1421-1

Ⅰ.G322

中国国家版本馆CIP数据核字第20256ET696号

策划编辑	王晓义
责任编辑	徐君慧
封面设计	风尚境界
正文设计	风尚境界
责任校对	邓雪梅
责任印制	徐　飞

出　　版	中国科学技术出版社
发　　行	中国科学技术出版社有限公司
地　　址	北京市海淀区中关村南大街16号
邮　　编	100081
发行电话	010-62173865
传　　真	010-62173081
网　　址	http://www.cspbooks.com.cn

开　　本	710mm × 1000mm　1/16
字　　数	229千字
印　　张	17
版　　次	2025年5月第1版
印　　次	2025年5月第1次印刷
印　　刷	河北环京美印刷有限公司
书　　号	ISBN 978-7-5236-1421-1
定　　价	48.00元

编委会

序

创新引领发展，科技制胜未来。我国已经进入创新型国家行列，正在锚定实现高水平科技自立自强、建成世界科技强国的战略目标奋进。当前，各科技强国围绕科技制高点的争夺十分激烈，我国科技事业发展面临的国际环境十分复杂，以科技现代化支撑中国式现代化迫切需要社会公众理解科技。

从原子级制造到生物制造，人类正在拓展控制和制造物质的能力边界。方兴未艾的智慧交通与自动驾驶技术，不断飞跃的基因编辑技术，有望重构交通、医疗等领域的全新图景。数字时代无所不在的芯片，“以小搏大”的纳米科技，正在推动着新一轮科技变革和产业革命。商业航天与低空经济加速崛起，正逐步成为我国经济增长的新引擎。围绕技术标准展开的竞争，更是争夺未来发展规则主导权的博弈。

心向长空宇宙，深入微观探幽。日新月异的科技创新，到底在关注什么内容，会如何改变我们的生活？奥妙无穷的现代科技，蕴含哪些机遇，又潜伏什么风险，将要给人类文明带来何种启迪？风起于青萍之末，不变的永远是变化本身，唯有见微知著，了解把握科技发展大势，方能从容立于变化之间。

为提高全民科学素质服务是中国科协的重要职责之一。领导干部作为治国理政的骨干，了解现代科技发展的基本脉络十分必要。六年多来，中国科协以全球科技发展大势和产业前沿热点为关注点，以优秀专家学者深入浅出讲、参与者互动讨论补充为主要方式，以每月举办一期的中国科技会堂论坛为主要载体，旨在搭建一个战略科学家、科技领军人才与领导干部间的对话交流平台。中国科技会堂论坛现已举办了47期，并已出版丛书第1辑与第2辑，本次编撰的丛书第3辑意在让论坛成果惠及更多领导干部和社会公众。

以博学慎思探索世界，以科技创新制胜未来。冀望我们的工作能对大家把握科技发展脉搏、感受科学魅力有所帮助。衷心感谢所有专家对论坛的支持。

中国科协党组书记、分管日常工作副主席、书记处第一书记

贺军科

2025年5月

目录

CONTENTS

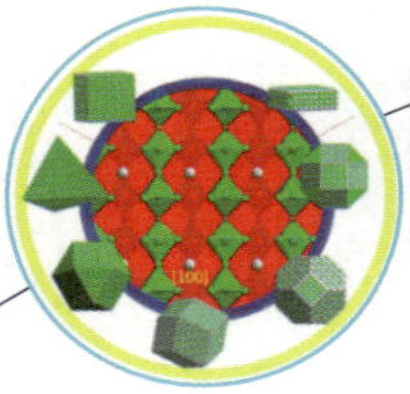

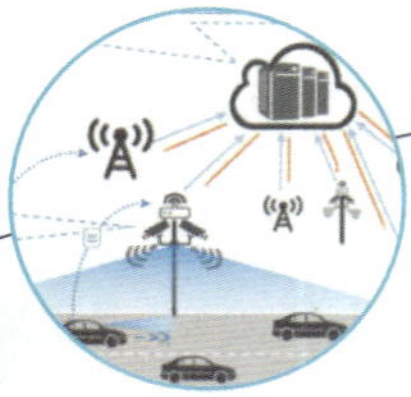

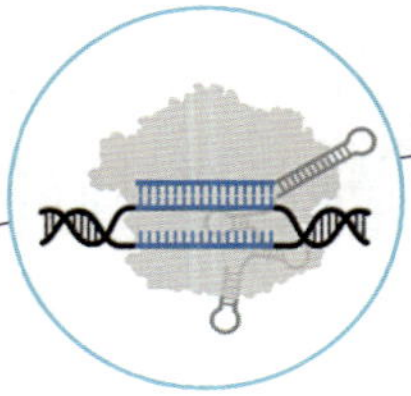

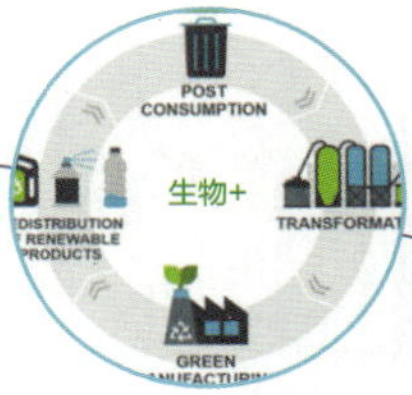
POST
CONSUMPTION
生物+
RENEWABLE
GREEN

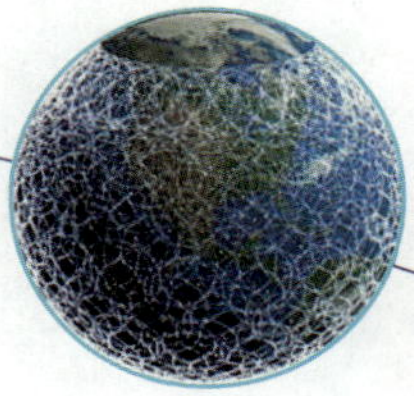

中国科技会堂论坛第二十三期

原子级制造：从基础研究到未来制造

导读

原子级制造，是指逐一精确操控原子，将原子按需垒砌，构筑原子级细锐、精准、完美且从物理上远超常规材料的产品，可实现真正意义上的功能定制。它并非是在微纳制造技术基础上简单的线性发展，而是将成为人类新物质创制中的极限，具有颠覆性意义。

当前，原子级制造的大部分技术还处于从基础研究向未来制造发展的过渡阶段，由量子力学和不确定性原理决定的原子级制造，需要解决内在机理、工艺方法与装备、测量及评价等科学难题，势必也会孕育出颠覆性的新原理、新材料和新器件。

这是一个多学科交叉的前沿领域，在原子级制造这一赛道，所有国家正站在同一起点，将给我国制造业发展带来重大机遇。但与此同时，在发展原子级制造并无既有路线可参考的当下，中国应当如何自主探路，布局发展原子级制造呢？

主讲嘉宾

雒建斌

中国科学院院士，清华大学精密仪器与机械学系特聘教授，国际机构学与机器科学联合会（IFToMM）摩擦学技术委员会主席。

长期从事纳米摩擦学和纳米制造研究，将纳米摩擦学研究与先进电子制造相结合，在表面平坦化方面取得了关键技术突破。曾获国家自然科学奖二等奖（2 项）、国家科技进步奖二等奖（1 项）等。

孙立涛

东南大学副校长、首席教授、微电子机械系统教育部重点实验室主任。

长期从事微纳电子材料与器件、可视化原子制造及原位检测方面的研究。提出原位“可视化”原子尺度加工方法，实现加工过程的原子尺度上可见、可懂、可控。

互动嘉宾

宋凤麒 南京大学物理学院教授、原子制造物理实验室负责人。长期从事团簇物理、拓扑低温输运和原子制造技术研究。

方雅珂 华为技术有限公司海思技术规划部前沿技术总监。致力于硬件工程技术领域研发、合作与规划工作，覆盖无线通信设备、智能终端产品及高性能集成电路芯片等多个业务领域。

主讲报告

原子级制造：从基础研究到未来制造

主讲人：雒建斌

原子级制造，目前正处于从基础研究到未来制造的过渡阶段，大部分还处于基础研究之中，个别技术则进入了接近使用或使用的状态。

一、制造业现状

原子级制造是制造业的顶尖技术。世界银行世界发展指标（WDI）数据库显示，中国自 2010 年起制造业增加值稳居全球第一。2018 年，中国制造业增加值接近美国、日本、德国的总和；2020 年，中国制造业增加值接近美国、日本、德国、印度的总和；2021 年，中国制造业增加值超过美国、日本、德国、韩国的总和（图 1）。

	2018年	2020年	2021年
中国：	3.87	4.18	4.86
美国：	2.33	2.27	2.56
日本：	1.03	0.93	0.97
德国：	0.83	0.68	0.77
韩国：	0.44	0.41	0.46
印度：	0.41	0.34	0.44
意大利：	0.31	0.28	0.32
法国：	0.27	0.24	0.27
英国：	0.25	0.23	0.28

（a）数据（单位：万亿美元）

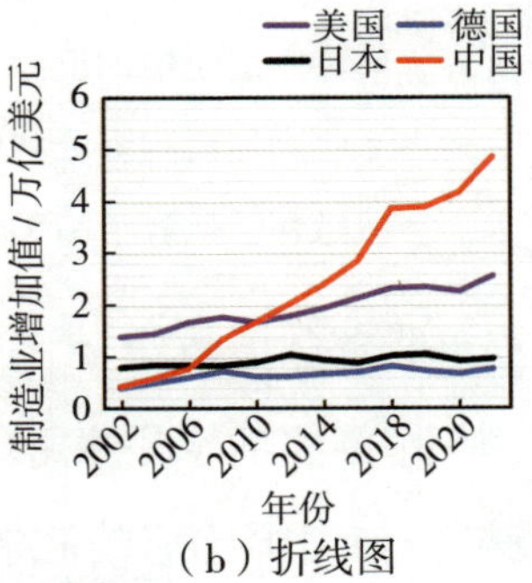

（b）折线图

图 1　各国制造业增加值

（数据来源：世界银行 WDI 数据库）

根据制造强国特征，中国工程院构建了由 4 项一级指标、18 项二级指标构成的制造业评价体系（表 1），并根据该评价体系中不同指标所占的不同权重，计算出历年世界各国的制造业综合指数。

表1 中国工程院构建的制造业评价体系

一级指标	二级指标	权重
规模发展	国民人均制造业增加值	0.1287
	制造业出口占全球出口总额比重	0.0664
质量效益	制造业质量水平	0.0431
	一国制造业拥有世界知名品牌数	0.0993
	制造业增加值率	0.0356
	制造业全员劳动生产率	0.0899
	高技术产品贸易竞争优势指数	0.0689
	销售利润率	0.0252
结构优化	基础产业增加值占全球比重	0.0835
	全球500强中一国制造业企业营业收入占比	0.0686
	装备制造业增加值占制造业增加值比重	0.0510
	标志性产业的产业集中度	0.0085
持续发展	单位制造业增加值的全球发明专利授权量	0.0821
	制造业研发投入强度	0.0397
	制造业研发人员占从业人员比重	0.0132
	单位制造业增加值能耗	0.0748
	工业固体废物综合利用率	0.0116
	网络就绪指数（NRI指数）	0.0099

根据制造业综合指数统计表（图2）可见：自1945年起，美国制造就一直保持世界顶尖水平并稳步增长，居于全球制造业大国第一梯队。英国最早是与美国比肩的制造业大国，后续逐渐削弱制造业，变成以金融为主的国家，从第一梯队滑到第三梯队。第二次世界大战之后，日本和德国两个战败国的制造业综合指数迅速提高。1965年，日本更是达到了与美国非常接近的水平。但自此，日本的指数线开始“平移”，与一直保持稳步上升的美国拉开距离，成为第二梯队。德国与日本的情

况类似，发展到一定阶段之后，指数线也开始“平移”。直到 2000 年后强调制造业，德国的制造业综合指数线才开始再次上升。

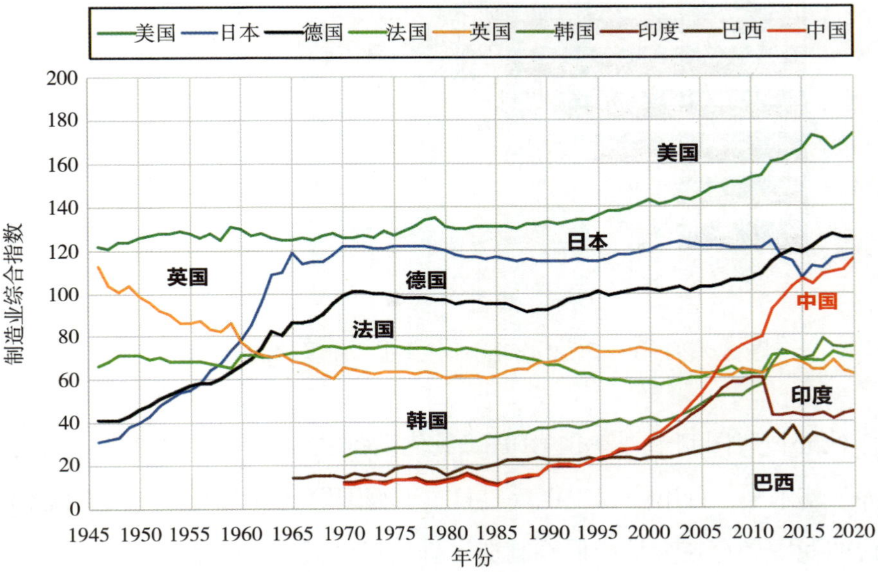

图 2　各国制造业综合指数折线图

中国的制造业综合指数从改革开放之后逐步上升，特别是 1995 年之后增长迅速，直到 2015 年，中国的增长率出现小的变化。如果增速继续保持，预计到 2050 年，中国将进入第一梯队，与美国出现交集。目前中国已经实现了“中国制造”2025 年进入第二梯队的阶段性目标，正向着 2035 年超越第二梯队的阶段性目标迈进。从目前来看，实现这一目标是很有希望的。

在制造业的衡量指标中，“质量效益”体现着一个国家制造业的发展质量。质量越好，收益越高，将来就有更多可用于研发的经费，以供发展新的技术，形成可持续发展。中国的质量效益指数位居美国、日本、法国、德国、英国、韩国之后，总体在全世界处于相对落后的水平（图 3）。

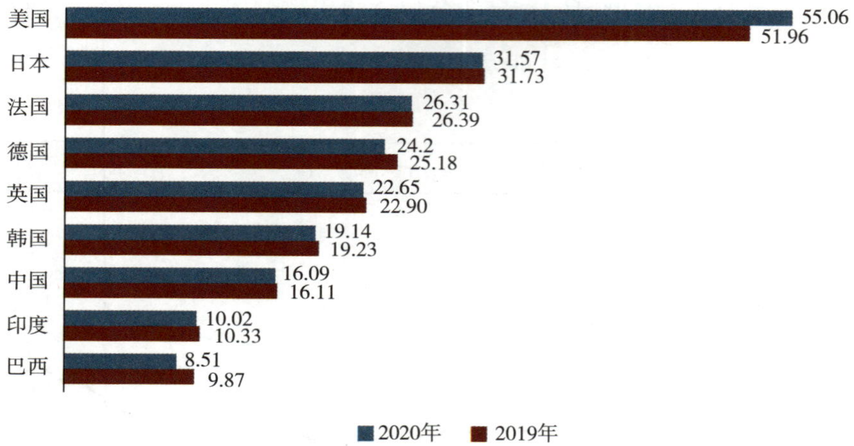

图3　2019—2020年各国制造业“质量效益”分项数值

此外，我国制造业单位GDP二氧化碳排放量与单位GDP能耗均高于世界平均水平，且单位GDP能耗是日本、德国等制造大国的3倍多（图4）。这说明我国还存在大量中低端制造，排放污染大，能量消耗大。

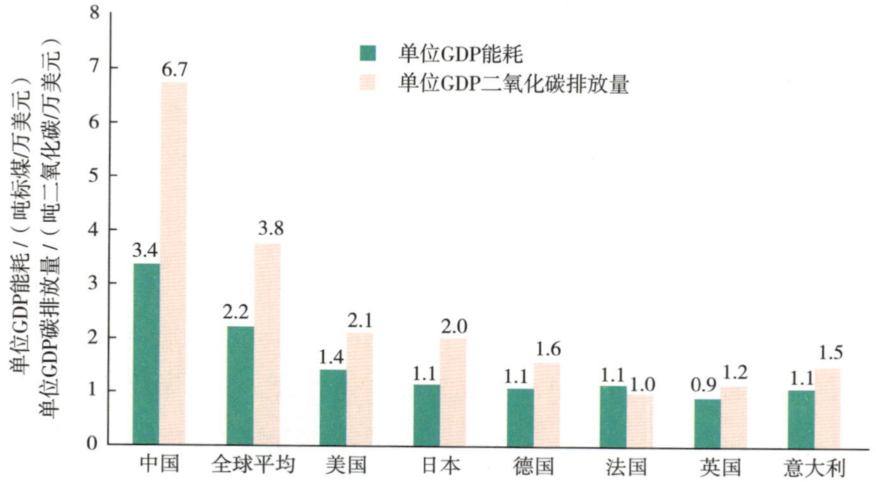

图4　2020年各国单位GDP能耗和二氧化碳排放量

根据联合国教科文组织对世界阶段的划分，自2000年起，人类进入一个“Cyber-physical”的新时代，即一个虚拟空间和物理空间高度融合的时代。人工智能的发展将给我们的社会运转形式带来深层次的改变，简单工作将日益由人工智能所承担，社会所需的人才结构将产生新的变化。“世界在变化，教育也必须改变。世界各地的社会都在经历深刻的变革，这需要新的教育形式来培养社会和经济在今天和明天所需的能力。”据联合国教科文组织分析，未来社会人才的分布将呈现出如下状况：“创造者”，即原理的发现者、科学问题的解答者将占2.5%；“早期应用者”，即将创新原理应用于生产的人才将占13.5%。例如，埃隆·马斯克几乎没有原理性的创造与发现，他所做的是通过创新性设计，将一些原理变成一个新产品或新技术，再进行大众性的应用。

改革开放以来，中国的发展大部分以跟踪学习为主。目前，我国许多行业虽然已经跻身世界前列，但未来如果缺乏原始创新，则只能永远追随他人脚步。2019年，清华大学发布工科人才培养目标，要培养“双T”型人才，即“创新引领（Creative thoughts and leading technology）”型人才，这类人才与传统的人才相比，更需要具备强大的意志力、抗挫折能力，具备启发性思维、团结协作精神等。

二、原子级制造

未来，制造业将向两个方向发展：第一，整个制造业将向着虚拟空间发展，以智能化方向为主；第二，在物理空间，以高端技术、硬技术为主。原子级制造就是制造业未来的硬技术。

从制造的发展历史来看，制造技术先后经历了宏观制造、介观制造、微米制造、纳米制造等多个发展阶段，制造精度的不断提升，带来了装备性能的巨大飞跃。当前，制造正逐步从“纳米时代”走向“原子时代”（图 5）。制造的精度和制造量级与工业发展密切相关。当制造精度达到毫米、微米量级时，工业发展出现了大批量的常规零件加工；当制造精度达到微米、亚微米量级时，工业发展则出现了集成电路、光刻技术；现阶段，制造业已经发展到了纳米制造阶段，工业发展出现了紫外光刻、高能束加工、纳米加工等技术。未来，随着原子级制造的发展，制造业将被推向顶层制造或基层制造，物质的组织单元将成为制造的起点，一大批新技术、新方法、新原理也将随之诞生。

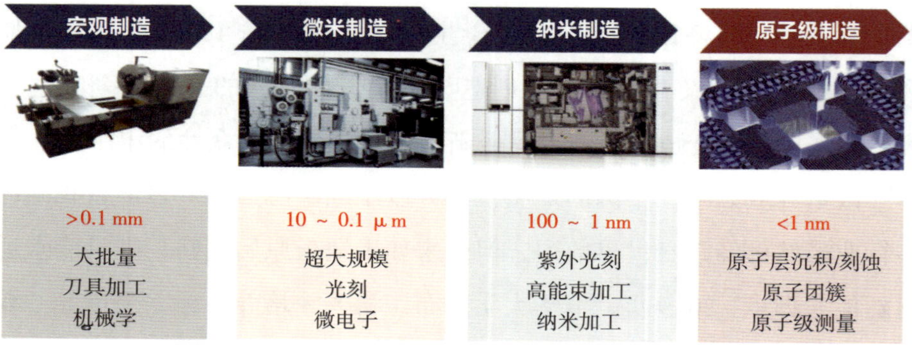

图 5　制造逐步从当前的“纳米时代”走向“原子时代”

原子级制造的重要性日益凸显。2022 年 9 月，雒建斌等院士专家提出《关于发展“原子级制造”的建议》。“能否实现材料表面原子尺度可控去除？”被列入 2022 年中国科协发布十大前沿科学问题。

原子级制造，是将能量直接作用于原子，通过原子级材料的可控去除或原子 / 分子级结构的大规模有序组装，实现产品性能与功能跃迁的前沿制造技术。原子级制造分为两类：一类是通过原子操控实现原子团簇，再对原子团簇进行不同的配合，以制造出数千种材料特性千差万别的新材料；另一类是原子层的制造，即对功能器件进行原子层沉积和去除。这两类原子级制造都会对超算芯片、超分辨显示、超精密元件和超敏探测等技术提供新的支撑。

以芯片制造为例，当前，高端芯片线宽向原子尺度逼近，原子级制造需求贯穿单原子层抛光、原子层沉积薄膜、原子级刻蚀、光刻、清晰等工艺全流程。新一代芯片厚度与特征线段的大幅下降，导致基底表面需要达到原子级平坦度和原子级表面精度，从而获得更好的表面状态。晶圆的平坦度要求小于 2/3 线宽，粗糙度小于 1/10 平坦度。随着芯片线宽向原子级发展，晶圆抛光液需要达到原子级精度。极紫外光刻物镜等要求全频段达到原子级精度，需要原子层制造技术实现原子级形位精度和近零缺陷表面制造。低频均方根（RMS）粗糙度要求小于 50 皮米，中频 RMS 粗糙度要求小于 80 皮米，高频 RMS 粗糙度要求小于 100 皮米，条件极其苛刻。此外，先进制程已达到小于 7 纳米的 Fin 宽度，需要原子层沉积降低表面粗糙度，以及减少光刻等工序。

作为面向国家战略需求的重要支撑技术，原子级制造有望将制造精度以及产品性能推向极致水平。例如，信息产业对高端芯片性能、功耗、集成度等方面的要求不断提高，高端芯片必然走向原子级线宽；极紫外光刻物镜需要达到全频段原子级表面精度；半球谐振陀螺需要超光滑加工表面，尤其是将损伤控制在原子量级，这些均对提升精确制导武器、卫星、舰艇等装备性能至关重要。

另外，作为未来科技和产业发展的牵引技术，原子级制造能够从原子尺度设计全新的物质结构，通过大规模原子或团簇操控进行制造，形成具有超常性能的结构与器件。例如，在量子计算领域，通过构筑冷原子磁光阱系统，量子芯片可达到成百上千个可操控量子比特，实现与传统芯片相比存储密度呈几个数量级的跃升。此外，使用原子 / 分子团簇打印制造方法，能够极大提高显示屏分辨率，将像素尺寸从微米减少至纳米量级。

由于原子级制造展现出巨大优势和潜力，西方发达国家率先对其进行了科技战略布局。2015 年，美国国防部高级研究计划局（DARPA）启动了从原子到产品（Atom to Products）的研究计划。2018 年，日本提出“皮米制造”战略。2019 年，德国提出“单原子晶体管”概念并开展原子尺度新型集成电路器件的研发。2022 年，美国发布了《先进制造业国家战略》，强调原子级制造在微电子和半导体制造创新发展方面的战略支撑作用。我国于 2018 年在“纳米制造基础研究”重大研究计划结题时提出原子级制造设想，但目前研究方向和成果相对分散，未形成推进原子级制造技术进步的有效合力。

三、挑战与任务

原子级制造需要在原子层面实现原子层制造、原子团簇构筑，以及原子级制造过程的精准检测与调控。只有当三者同时耦合，才能成功构筑原子功能结构或器件。然而，要解决这三大基础问题，仍面临诸多挑战。

挑战一来自原子层制造。原子层制造包含原子层去除和原子层沉积技术，面临的挑战是制造精度需要达到原子层加工分辨率，其中包括原子层去除分辨率的极限表面精度抛光、单原子层精准沉积与刻蚀、全频段原子级精度及近零缺陷控制。原子层制造面临的科学问题主要包括：从原子精度表面加工方面，需要建立原子层限域反应原理；从原子精度结构制造方面，需要建立原子层限域沉积原理；从损伤控制方面，需要探明原子级缺陷调控机制。

挑战二为原子团簇的跨尺度制造。从原子到产品的制造为高端显示等重要产业创新发展带来了新机遇，其制造内涵包括两个层面，其一是原子 / 分子团簇新材料制造，构建新型功能材料；其二是原子 / 分子团簇跨尺度器件制造，制造高端显示等创新器件。从原子到产品的跨尺度制造，关键是将团簇材料优异的力、热、光、电特性直接体现到创新产品器件性能上，其中需要解决的问题包括：新型团簇材料的宏量制造，以及团簇材料的精确定域组装、异质异构界面特性调控等。从原子到器件制造面临的科学问题是“原子—产品”跨尺度制造原理及其调控方法，主要包括：建立原子/分子定域组装机制与调控方法，实现从原子到微纳结构精确构筑；建立原子/分子跨尺度界面接触特性与调控方法，实现宏观器件性能的颠覆性跃升。

挑战三在于原子级制造的测量与表征。原子级制造相比纳米制造，作用对象由纳米级材料拓展至原子；尺度短至亚纳米空间量级、飞秒至阿秒时间量级；加工机理面临着从经典力学到量子理论、从线性到非线性、从平衡态到非平衡态等的跨越，其中所蕴含的大量新原理亟待揭示，面临原子级制造过程超精密原位动态在线检测与调控的挑战，涉及高时空分辨多维动态观测、动态原子级精度在线表征等难题。

如何实现高时空分辨多维动态观测，以实现原子级制造过程中光子-电子-声子相互作用的精确控制？例如，分子/原子团簇组装实质是分子/原子间静电力、氢键、两亲性和共价连接过程，时间尺度短至飞秒-皮秒量级，空间尺度小至埃-百纳米空间尺度，所面临的核心难题是飞秒时间尺度分辨率、纳米空间尺度分辨率难以同时兼顾。

原子级制造的本质是能量作用下材料的光子-电子-声子等载能粒子的跨尺度相互作用过程，所涉及的核心科学问题是：第一，原子级制造过程中光子-电子-声子非线性、非平衡态质能传输机制；第二，原子间解离/去除、组装等跨时空尺度超快动力学调控规律。

四、预期突破

未来，要想继续发展原子级制造，我们还需在如下几项新理论、新工艺、新技术进行突破。

第一，原子级制造创新理论。包括原子级制造过程中的物质、能量作用与演化规律，原子团簇制造过程表界面相互调控机理，原子级制造过程中光子 - 电子 - 声子作用机制。新理论的突破可为我国原子级制造的可控实现提供基础理论支撑。

第二，原子级制造技术与工艺。发展包括原子层极限精度制造、原子 / 分子团簇功能器件制造及表征等在内的原子级制造新工艺、原子制造过程观测表征、大规模原子层自组装，为我国原子级制造的可控实现提供关键技术支撑。

第三，原子级制造新装备。建立原子层加工系统、团簇组装系统、原子尺度表征系统等多工艺互联装备，以保障原子级制造高效可控。

实现上述原子级制造的创新理论及工艺突破之后，我们有望通过原子级制造技术制造具有超常功能的产品，以支撑高端芯片、航空航天、电子信息、光电显示、超精密仪器等领域跨越式发展。

2009—2018 年，国家自然科学基金委员会批准实施了“纳米制造的基础研究”重大研究计划，奠定了我国纳米制造的基础。当前制造前沿已经从“纳米时代”走向“原子时代”，原子级制造有着与纳米制造截然不同的变革性的制造理论、工艺和方法，亟须通过新的重大研究计划牵引，构筑原子级制造科学理论基础和工艺体系，支撑高端芯片、先进显示等国家战略需求产业的变革性发展。

主讲报告

“可视化”原子级制造

主讲人：孙立涛

原子级制造，就是在原子尺度构建大千世界。畅想未来，当我们可以在原子尺度制造任何事物，它将给世界带来翻天覆地的变化。例如，可以通过原子尺度缝合，消除任何疤痕；也可以在原子尺度复刻出跟艺术大师原作一模一样的绘画作品。

一、为什么要做“可视化”原子级制造？

原子级制造的需求导向有两个：一个是技术需求，另一个是产业需求。技术需求是指，随着纳米技术的发展，制造技术的尺度朝着更加微缩化发展（图 6），最终会来到原子尺度，这也将是人类新物质创制中的极限尺度。产业需求是指，随着信息产业的发展，电子器件在高能效、低功耗的驱动下向着微型化发展，制造中的特征尺寸不断减小（当前世界上已有 2 纳米工艺的半导体芯片），当其发展到极致时，芯片中的关键材料会薄至一个原子层厚。因此，无论是从技术需求还是产业需求来看，原子级制造都将成为未来制造的发展方向。

要实现原子级制造需要解决两大问题：第一，制造材料的问题，这是一个科学问题；第二，制造方法的问题，这是一个技术问题。制造材料的问题涉及两方面：一是传统的制造材料最小能否做到原子尺度？是否会带来材料不稳定的问题？二是新材料能否构筑成大型结构？最大可实现多大？制造方法的问题需要解决材料如何制造。在此，我将介绍“可视化”原子级制造方法如何解决以上两大问题。

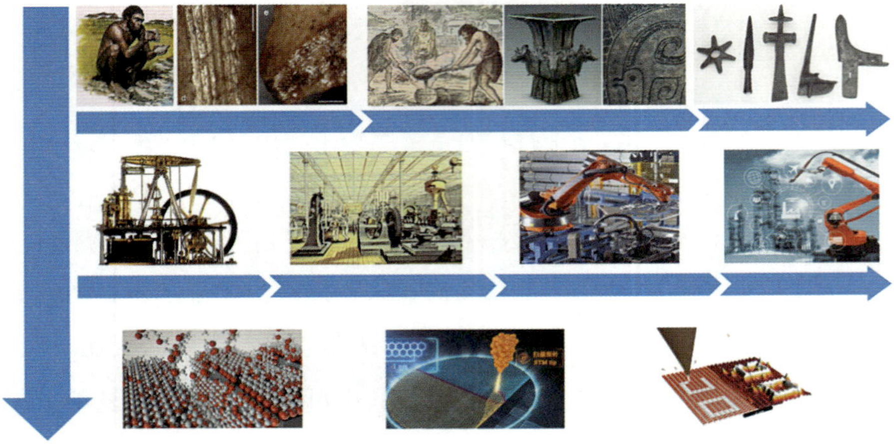

图6　人类的制造精度不断向微缩化发展

第一，“可视化”原子级制造可以了解传统材料新的性能。

例如，我们观察到10纳米以下的银颗粒在被挤压后，可重新“回弹”到原来的形状。此时，它已不像我们常见的那样挤压后会发生塑性形变，而是更像橡胶或液体（图7），因此它将不能被用作导线，而应重新考虑其适合的应用场景。

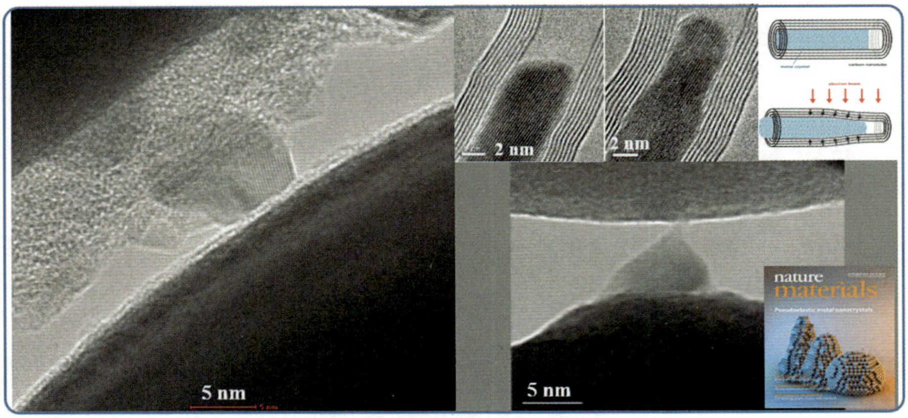

图7　10纳米以下金属颗粒的室温类液态行为

10 纳米以下固体的类液态行为，涉及表面原子扩散主导的新形变理论。当传统材料的尺度减小，表面原子所占的比例会增加。厘米结构下，传统材料的表面原子占整个材料的 0.000036%；微米结构下，传统材料的表面原子占整个材料的 0.036%；纳米结构下，10 纳米传统材料的表面原子占 36%，6 纳米传统材料的表面原子占 62%，石墨烯材料的表面原子则占 100%。因此，传统材料的性能由其结构来决定，而在纳米尺度下，材料的行为则由表面原子来决定。表面原子非常容易迁移，继而形成了前文中所提到的类液态性能。

原子级制造的难点（图 8）在于：首先，元素周期表中每个原子的尺寸以及性质各不相同，又称“百原百面”；其次，每种原子组成的晶体又有多个表面，每个表面的性质也不相同，又称“一原多面”；最后，多种原子还会组合成多种表面，称为“多原 N 面”。

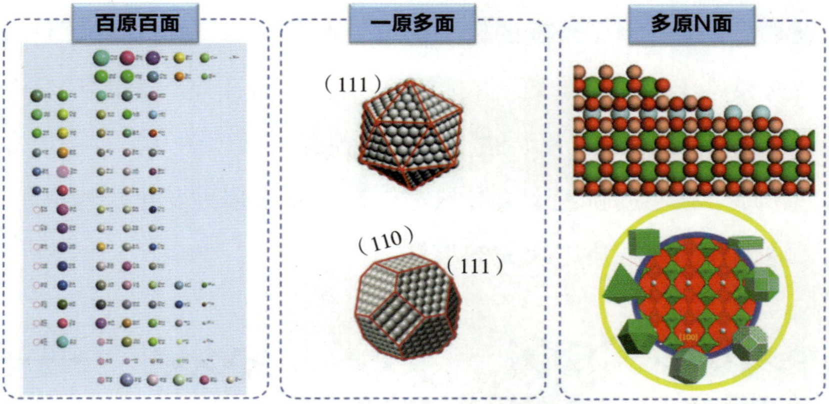

图 8　原子级制造的难点

第二，“可视化”原子级制造可以帮助实现新材料更加可控。

薄层的石墨（石墨烯）、氮化硼、硫属化合物、黑磷（黑磷烯）等新材料都被称为二维材料，这种材料具有诸多优势：极限尺度、极限性能以及无限应用。极限尺度是指二维材料具有纳米级厚度，这使得半导体器件的短沟道效应可被有效抑制，从而可以缩小器件尺寸，降低功耗。极限性能是指二维材料具有优异的输运特性，具有极高的载流子迁移率，使得基于这些二维材料的器件单元可具有超快的响应速度，可制备高性能的逻辑、储存、光电和光子器件。无限应用是指二维材料可与传统硅基器件的加工技术兼容，实现二维器件规模化和高集成度应用。

但以上种种皆还处于研究阶段，到真正应用时，我们会发现二维材料存在很多原子级缺陷，这些缺陷对性能的影响巨大。例如，一块完整的石墨烯，其力、电、光、热的性质非常优秀，而有缺陷的石墨烯的性能会下降两个数量级甚至更多。在石墨烯纳米带的中间放置一个原子，它会具有半导体性质；将这个原子挪动到偏下位置，它就会具有金属特性；而将这个原子移动到边缘，它就又变成了半金属。因此，“可视化”原子级制造可通过原子尺度的精准构筑，帮助实现新材料更加可控。

新材料原子级制造的难点在于：一是“千种千变”，二是“一原多变”。“千种千变”是指上千种二维材料各有不同（图 9）。“一原多变”是指一个原子在不同位置上可导致整体性能发生多种变化。这都是“可视化”原子级制造要集中攻关的难点。

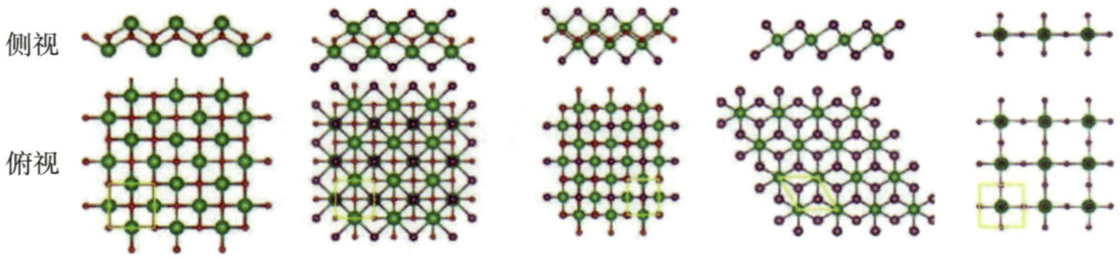

图 9　上千种二维材料各有不同

二、原子级制造如何实现“可视化”？

东南大学–FEI纳皮米中心是由东南大学微电子机械系统（MEMS）教育部重点实验室与美国FEI公司（2016年并入赛默飞世尔科技公司，世界顶尖电子显微镜制造商）共同组建的亚太地区第一个泰坦（Titan）电镜联合实验室。该中心拥有世界上第一台球差校正电子显微镜，可实现皮米量级的分辨率，可看到单个原子。在此基础上，我们采用将力、电、光、热、气、液体等外场环境原位实时加载到材料上的制造方法，在看到单个原子的基础上，还可在材料上进行制造实验。自2008年起，该中心就一直进行着“可视化”原子级制造的研究。

除了与美国FEI公司合作的装备，东南大学–FEI纳皮米中心还开发了许多自主装备。该中心的研究特色是在透射电子显微镜中原位搭建纳米实验室，以解决原子尺度制造的3个难题：看得见、抓得住、打得着。透射电子显微镜可保证优于80皮米分辨率的原子尺度观察，大约相当于硅原子直径的1/3，可清楚看到单个原子。在此基础上，通过机械探针或电子束诱导的原位操作，可在原子尺度将材料的结构（界面、表面、成分）与性能（热、力、电、光）动态关联，以研究相关的新机制与新原理。

三、原子级制造的“可视化”能做什么？

“可视化”可实现原子级精准与动态表征。我们对石墨烯缺陷结构进行了精准表征，可以看到石墨烯上3个硅原子的动态过程：3个硅原子是在旋转的（图10）。

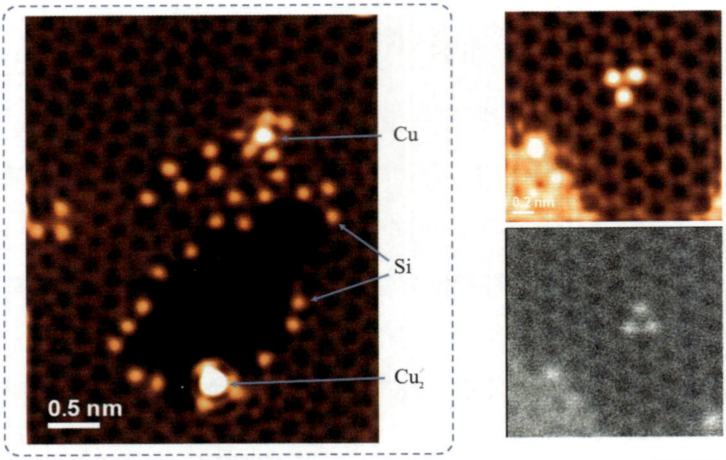

石墨烯缺陷结构的**精准表征**　　石墨烯上3个硅原子的**动态表征**

图 10　单层石墨烯中孔洞及掺杂原子的精准与动态表征

“可视化”可辅助原子尺度加工。例如，可将二维材料（MoS_2）加工成一维材料，也可进行原子尺度的纳米线加工，甚至是单原子层的修复（图 11）。

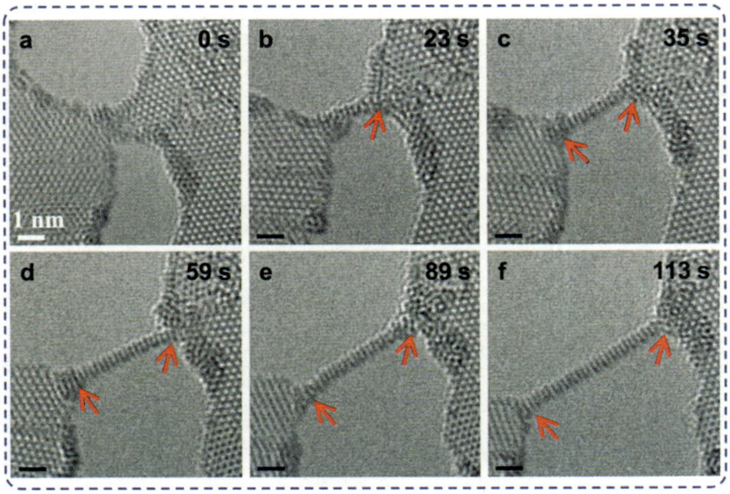

图 11　电子束辐照下 MoS_x 纳米线的形成过程

“可视化”可观测原子尺度辐照刻蚀。我们从原子尺度解释了氧化钙（CaO）材料粗糙表面的形成过程，即材料为什么总是难以做到非常平整的问题（图 12）。通过“可视化”可以寻找到材料的最弱能量点，即材料刻蚀的起点。围绕起点，在材料表面会渐渐形成一个凹坑，导致材料难以做平。

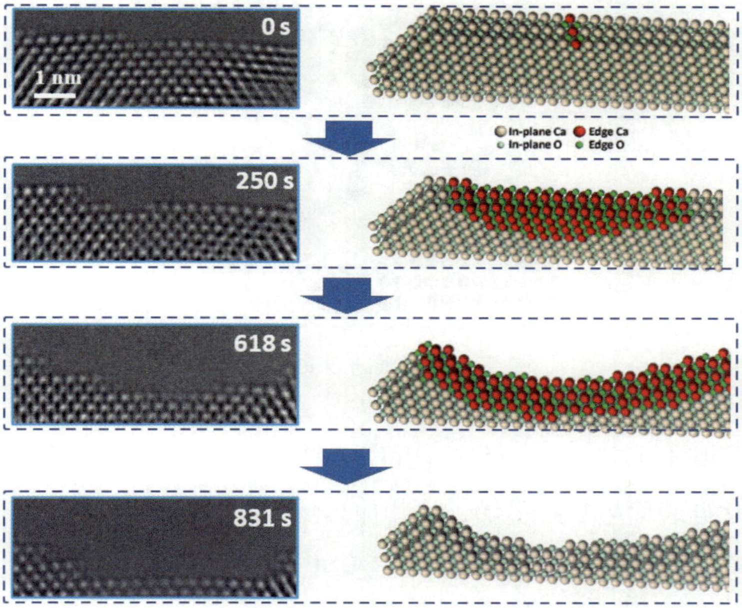

图 12　CaO 表面原子刻蚀的过程及原理示意图

“可视化”可辅助进行原子尺度的机械去除。要将一个材料表面做到原子级平整，使用一个原子尺度精度的刀对其“切一刀”是最好的加工方式。但这个过程非常困难，因为材料的表面由多个原子排列组成，使用一个原子厚的针尖对其加工并不容易。目前，如果采用传统的机械式去除，“可视化”能够做到清晰地看到硬质刀具和材料的原子晶格，以及切割的动态过程（图 13）。

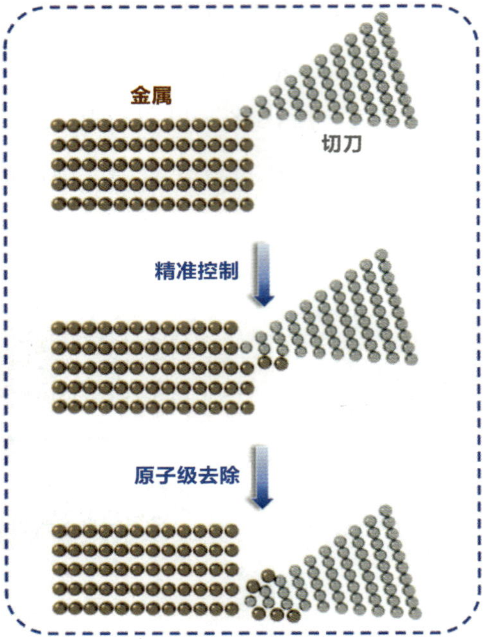

图 13　表面原子去除示意图

除了基本工艺，“可视化”还可看到某些单原子层材料的制备过程。如在碳化硅表面生长石墨烯，将其加热到 1000℃后，随着硅原子蒸发，3 层碳化硅会变成一层石墨烯。在透射电子显微镜中，我们可以看到碳化硅表面硅原子一层一层消失的过程。

“可视化”还可观测到材料的形核过程。在原位液相中，我们可以观测到金颗粒从一个原子到多个原子的组装过程（图 14）。原子数目在 10 个以下时，金团簇呈现出不稳定性。原子数目为 10 ~ 43 时，形核过程呈现出低对称性。原子数目超过 68 个之后，金颗粒则呈现出高对称性乃至圆形。这样的观测结果对“核一定是圆的”的传统认知带来了挑战。传统的形核理论无法对其进行描述，而新的理论又该如何去解释，这有待我们继续探索。

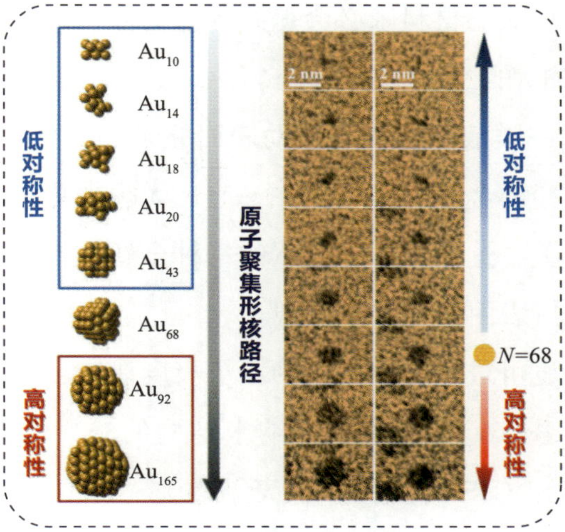

图 14　金颗粒形核过程的新认识

当形核过程发展到圆形时，如何才能继续长成更大的结构？我们发现，当两颗颗粒转动到特定的晶面时，受表面主导影响，它们会取向连接融合在一起，并逐步生长成更大的结构（图 15）。我们可以通过这种方式，将两颗颗粒按照预想的面融合在一起，进而控制材料的生长形状，实现生长可控。

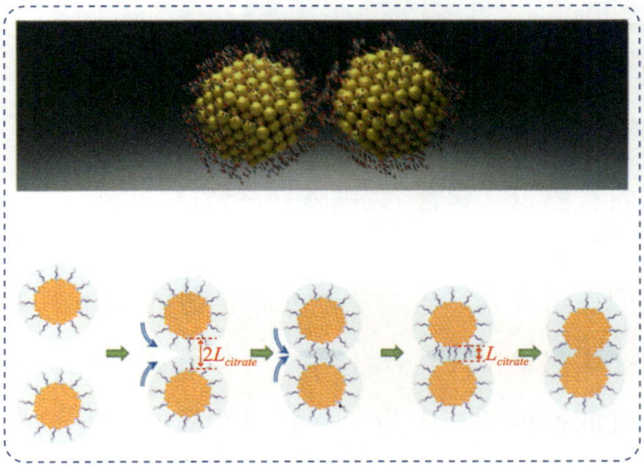

图 15　金颗粒取向连接过程示意图：表面原子主导特定晶面融合

然而，生长形成的材料未必会得到预想的性质，如前文中所述，10纳米以下的固态银颗粒会出现类液态行为，其将无法被制成导线。材料冷焊接可利用这一类液态性质，借助表面原子的扩散来解决这一问题，即将两根表面洁净的金属纳米线放在一起，无须加热便可自然熔合，且熔合界面非常完美。这是原子尺度下的一种全新技术，实施过程无须外加能量，只需保持表面洁净便可实现。

此外，我们也可进行异质结构的原子尺度调控，如通过电驱动的阳离子交换方法（图16），实现单一纳米结构的选择性制备与修饰（由 Cu_2S 纳米线制备出 CdS/Cu_2S 纳米核壳结构）。

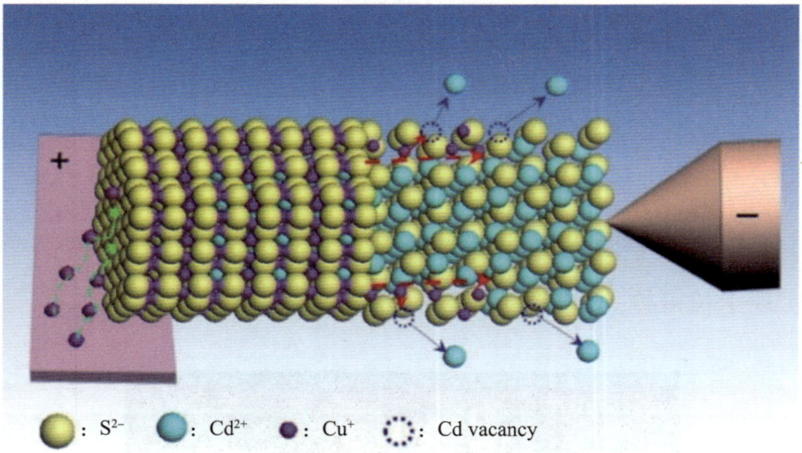

图16　电驱动的阳离子交换方法示意图

未来，我们还可以基于电场驱动元素扩散的原理实现材料的定点可控生长，进行原子尺度加工（图17）。当原子制造完全可控时，手机工厂可以叫作手机的种植园，因为所有的器件都可按需求生长，类似植物种植一样。

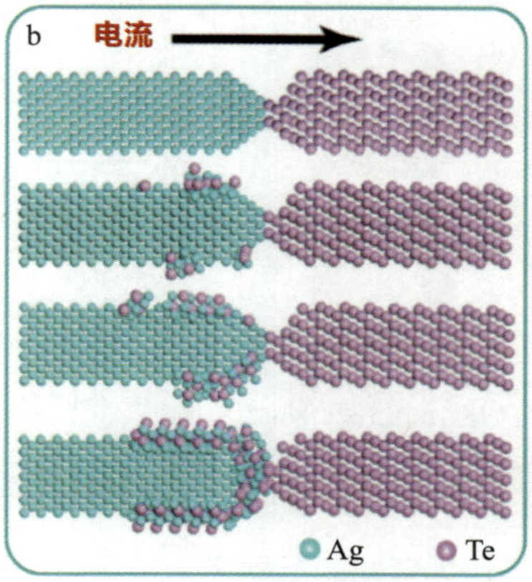

图 17　基于电场驱动元素扩散的原子尺度加工

目前“可视化”可以实现材料的制造、修复、调控等，加工制造方法基本齐备。此外，我们还可以进行器件构建与原位检测，可构建存储器、光电转换器等微器件，实现工况下原子尺度表征与检测。我们构建了世界上最小尺度的异质结光电器件结构，将光电转化效率提高了50%。

在成果应用方面，我们的技术可应用于第三代 DNA 测序系统。第三代基因测序是将 DNA 链通过一个纳米孔，并在两端施加电压。由于 A、T、C、G 4 个碱基的电阻不同，在相同电压下，不同碱基的电流表达有所差异，进而可以推断出碱基的序列。第三代 DNA 测序系统的难点在于，纳米孔的加工难度极大。我们可以直接利用电子束加工纳米孔，最小孔径可以达到 0.5 纳米。与此同时，纳米孔的大小有时需要根据需求进行调控，我们开发了热场辅助石墨烯纳米孔调控方法，可以将 5 纳米的孔径调整成 3 纳米，也可以将 3 纳米的孔径调整成 8 纳米。图 18 所示为热场辅助的石墨烯纳米孔调控示意图。

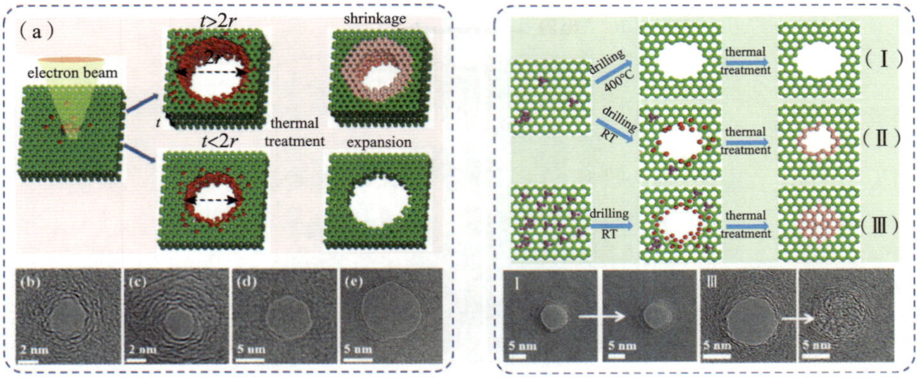

图 18 热场辅助的石墨烯纳米孔调控示意图

四、未来规划

过去，我国在人工智能、行星探测、智能制造、智能电网、物联网、5G 通信和大数据等领域的技术突破，均在微纳系统领域存在“卡脖子”难题。“卡脖子”的实质在于我国芯片产业的四大底层支撑——设计、制造、表征和材料遭到技术封锁（图 19）。

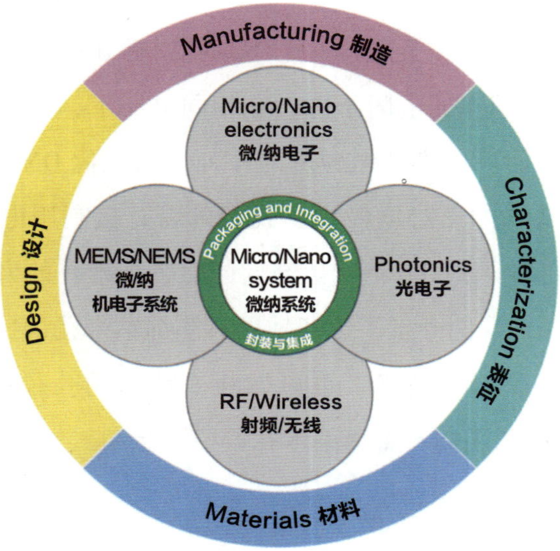

图 19 芯片产业四大底层支撑：设计、制造、表征和材料

当前，发展原子级制造，要顺应当下多学科交叉的大背景，从设计、制造、表征和材料四方面进行系统化的综合考量，促进原子级制造产业链融合发展，加快新工艺、新器件研发。“可视化”原子级制造具备过程可视化、器件动态化、方法多元化的优势，可推动其在新原理、新认知、新工艺等方面的探索。

目前，在制造工艺与原理方面，我们开发的由人工智能辅助的图形化设计和精准操控技术已较为成熟，该技术具有自主知识产权。在超快液相刻蚀领域，也取得了新的进展。通过实验，我们研发了气泡辅助的超快刻蚀工艺，同时也帮助解释了海洋钢结构飞溅区腐蚀最严重以及潜艇螺旋桨材料腐蚀等既有现象。

要发展原子级制造，首先需要统筹原子级制造的四大组成部分：可控制造工艺与装备、材料创制与器件制造、制造的表征与测量、设计理论与工业软件。只有统筹四大部分形成闭合回路，才可实现良性发展。同时，要注重长远规划，面向新原理、新工艺、新装备，短期内将非国产装备国产化，长期将向着装备出口进发。

要实现以上目标，必须加强“政产学研”合作，将高校前沿研究、人才培养、产业发展三方面进行深度融合，共同推动原子级制造发展。新技术的广泛应用需要时间，但只要我们有目标并长期坚持下去，原子级制造的未来就一定会到来。

互动环节

问题一：原子级制造与现有的高精度制造是什么关系？

观点一：原子级制造是现有制造更向前发展了一步。原子级制造可解决7纳米以下芯片制造的关键问题，包括原子层沉积、原子层刻蚀、原子级精度抛光等。在新材料、测量、制造装备、工艺、技术等方面，也将为未来三四十年所需要的制造所服务。

观点二：20世纪80年代，纳米制造刚刚被提出来时，大家都觉得这只是一个存在于实验室的技术。但如今，纳米制造遍布各个领域，也普及至各种家用产品。例如，LED灯的寿命是几万小时，优于白炽灯太多。其发光芯片是由多层纳米膜叠加制造出来的，全部是采用纳米制造技术。这是非常普通的应用，芯片更不用说了，还有其他领域，如机床加工领域都可以做到纳米量级。纳米制造更进一步就是原子级制造，现在看来大部分还处于实验室阶段，但是，再过10～20年，所有的工业制造里面可能都会涉及原子级制造问题。

问题二：原子级制造技术的难点有哪些？

答：原子级制造的最大难点和最核心特点是原子级的操控能力。这种操控将给传统制造技术带来巨大的挑战或者变革。以下是几大变革和挑战，它们构成原子级制造最为核心的基础内容。

第一，原子级操控技术。对比传统制造，我们需要发展原子级的操控技术，解决如何去操控单个原子的问题。第二，原子级的物质基础。我们需要解决如何避免在原子层面制造会随时随地改变材料性能的问题。第三，原子级检测的基础技术。我们需要解决原子级制造的测量问题。在原子世界中，原子无时无刻不在运动，我们要能够观测、利用这种运动。以上三方面，构成了我们原子级制造核心的基础内容。

问题三：展望未来，原子级制造可以为我们带来哪些可能性？

答：第一，原子级制造可以创制新材料。材料的“底层”将不再是分子，而是可以打破分子结构，将原子进行重新排列，造出新分子、新材料。有关报告显示，一种新材料从实验室设计到产业化应用平均需要 18 年的时间。而随着原子级制造的发展，用时可以缩短 2/3 以上。

第二，金属行业的形态也将被极大改变。熔点是金属最核心的性质，金属所有的应用几乎都与其有关，如冶炼、3D 打印、焊接等。以高熔点金属钨为例（熔点为 3400℃以上），传统加工需消耗大量能源，维持超高温环境，而原子级制造可在 800℃的条件下实现精密加工。

第三，在量子科技领域，原子级制造也可发挥优势。单一原子的尺度极小，借助原子级制造，我们未来甚至可以在原子尺度下制造出百万量子比特级的量子计算机，这将具有颠覆性意义。

中国科技会堂论坛第二十四期

国际技术标准与大国竞争

导读

标准，能够保证产品之间的兼容性与互操作性，促进贸易往来与科技进步。今天，身处信息经济与数字经济更迭、新经济模式与产业格局重塑的节点，技术标准国际化已经成为大国角力场中的焦点。

过去 40 年，国际标准化工作很大程度上由欧盟、美国主导，并持续发力。2022 年《欧盟标准化战略》和 2023 年《美国国家标准战略》，均强化各自在国际技术标准上的领导力，但在标准的战略部署上，不约而同地将中国视为主要竞争者。中国作为后起之秀，过去 10 年间，从提升国际标准组织任职数量到增加标准化提案，再到签署“一带一路”标准化合作协议，尤其在 5G、高铁、核能、新能源汽车等领域，中国影响力正在大幅提升。

技术标准之争为何会成为大国竞争的焦点？在未来的技术标准国际化工作中，中国该如何发力弥补短板，又该发挥哪些优势，实现标准化强国之梦？

主讲嘉宾

邬贺铨

中国工程院院士，现任中国标准化专家委员会主任、中国互联网协议第 6 版（IPv6）规模部署和应用专家委员会主任。长期从事数字通信系统和光通信系统研究开发工作，组织了 IPv6 项目部署和研究，组织了 3G、4G、5G 项目的研究开发。

于欣丽

中国标准化协会理事长，中国标准化专家委员会副主任委员。长期从事标准化发展战略、标准体系研究和政策管理工作，参与了“中国标准 2035”系列项目研究工作。

互动嘉宾

梁建英　国家高速列车青岛技术创新中心主任，高速列车整车研制、系统集成创新领域的主导者和技术带头人。长期从事轨道交通装备技术研究和产品研发。

赵志勇　中兴通讯股份有限公司副总裁、技术规划总经理，移动网络和移动多媒体技术国家重点实验室副主任。长期从事通信产品研发和标准技术的规划和管理工作。

主讲报告

新时代标准化发展新格局

主讲人：邬贺铨

近年来，互联网、大数据、云计算、人工智能、区块链等技术加速创新，日益融入经济社会发展各领域全过程，由此对标准化提出很高的要求。

标准化伴随工业革命的推进而逐步兴起。18 世纪 60 年代后，随着蒸汽机的广泛应用，英国率先开启以机械化为核心的第一次工业革命。19 世纪 60 年代后期，电力的工业应用推动以电气化为代表的第二次工业革命。20 世纪中叶，以信息化为代表的第三次工业革命全面展开，20 世纪 90 年代进入互联网商用化阶段。目前，以智能化为代表的“第四次工业革命”概念被提及。

工业革命之前，农业经济是主要的经济形态，其主要生产要素为土地、劳动力。而工业经济的要素则为技术与资本。当下的数字经济，实际上也是工业经济的一种表现形式，在技术与资本之外，增加了数据这一新的经济要素。

19 世纪初，电报的发明拉开了电信时代的序幕，电报互联互通催生了标准。1865 年，全世界诞生了第一个国际标准化机构国际电信联盟（ITU）。随着国际贸易体系扩张，大规模生产亟须解决产品的通用性问题，由此，国际电工委员会（IEC）于 1906 年成立。随着国际贸易进一步发展，国际标准化组织（ISO）于 1947 年成立。1985 年，网络互联催生了国际互联网工程任务组（IETF）。第三代移动通信，则促成了第三代合作伙伴计划（3GPP）标准化机构的诞生。

由此可见，标准与产业、市场紧密关联。工业革命的代系交替，引发标准化的大变革，互联互通与产业竞合是标准化的主要动因。

一、数字时代标准化新趋势

当前，国际标准已经覆盖了全球经济总量 95% 以上的经济体，也影响着全球 80% 的投资与贸易。新兴的基础设施引出了标准化的新课题，数字经济将会驱动标准化进行新一轮的变革。

由于技术的发展，标准化发展呈现出七方面的新趋势。

第一，数字时代新技术呼唤标准化。5G/5.5G、光网络、IPv6+、工业互联网、AI、算力等发展迅速，加快了新兴技术标准化的进程。

第二，标准化手段的信息化。信息化手段提高标准制定的质量和效率，加快标准化进程。同时开源软件社区等新的标准化机构和开源软件成为标准的新形态。

第三，正在兴起的标准数字化。标准实现机器可读、可理解、可解析，将成为标准化工作发展新的里程碑。

第四，标准化工作跨界化。车联网、智慧城市等标准需跨行业合作，工业互联网跨信息技术（IT）与运营技术（OT），挑战现有标准化工作组织方式。国际标准化机构间工作领域交叉越来越多。

第五，数字经济新业态挑战标准化。数据管理、平台治理、隐私保护、人工智能、虚拟化、数字资产等对标准化提出了很多新课题。

第六，日益强化的标准专利化。围绕标准必要专利主导权和许可规则制定权的争夺愈演愈烈。

第七，影响深远的标准生态化。标准与专利或开源平台的结合将促使产业生态的形成，从而强化对市场的控制。

二、新时期网络标准化新走向

1969 年，美国国防部高级研究计划局启动了阿帕网（APARNET）项目，这被视为互联网的起源。起初，该网络是美国国防部下属的科研网络，后来逐步向学术机构开放，并在 80 年代由美国科学基金会接管扩展为国家科学基金会网络（NSFNET），最终演进为现代互联网的基础架构。自 20 世纪 90 年代起，互联网进入商用时代，中国也是那时全功能接入互联网。在此期间，一大批中外知名互联网企业诞生。移动通信，特别是 4G 开启了移动互联网的进程。此后，云计算、大数据、人工智能、物联网标准纷纷出现。随着 5G 到来，我们进入泛在化时代。3GPP 标准化机构伴随移动通信标准建立，IETF 则是互联网的标准化机构，横跨互联网协议第 4 版（IPv4）至 IPv6 标准。ISO、IEC 更多关注产业，从单机数控到工控系统。企业资源计划（ERP）、制造执行系统（MES）关注工业自动化系统，再到工业 4.0 时代的物联网、工业互联网。ITU 制定全球电信标准，从过去的数字通信异步传输模式（ATM）、同步数字系列（SDH）到下一代网络，再到光传送网，乃至目前的算力网，标准随技术进步而不断变化。网络标准化演进情况如图 1 所示。

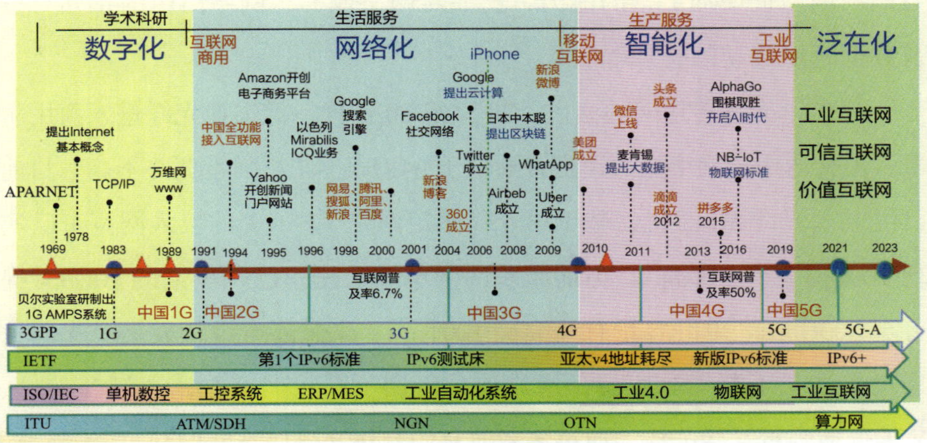

图 1　网络标准化演进路线图

互联网曾基于 IPv4 构建，其源地址与目的地址都仅有 32 位，互联网理论地址总量为 2^{32}（约 42.9 亿）。美国是全球首个互联网国家，每个网民平均有 6 个以上的地址。对比来看，中国网民平均仅有 0.4 个地址，印度网民平均有 0.1 个地址。正因如此，需要演进到拥有 128 位地址的 IPv6 网络。地址数量增加后，我们可实现源地址溯源、地址用户的精细化管理，还可利用这些地址进行诸多提升网络性能的工作。IPv4 时代，由于地址数量稀少，需要增加各种各样的协议来提高网络的能力。而随着 IPv6 地址增多，我们则可以减少网络协议，使网络变得更简单。2016 年 11 月，负责互联网标准制定的 IETF 宣布，今后互联网协议标准化将只考虑 IPv6，不考虑 IPv4。

当前，互联网发展存在三大明显趋势。

第一，从 IPv4 向 IPv6 过渡正在加速。全球 IPv6 活跃用户占网民比例超过 35%，中国已超 70%。IPv6 在 IPv4 基础上诞生，网络往往采用 IPv4、IPv6 双栈架构，但目前的趋势是推行纯 IPv6（IPv6-only）发展。纯 IPv6 网络更简单，过渡更彻底。美国作为互联网地址最多的国家，正在积极发展纯 IPv6 网络，并希望借此加强反恐工作。另外，IPv6 还可以利用地址增加更多的能力，比如对网络业务、网络路由的感知，以及数据跨境流动的管理等。

第二，光纤传送网的演进。20 世纪 80 年代，低损耗光纤进入商用阶段，但普通用户网络接入速度普通低于 64Kb/s，城域网带宽并不高。目前已经进入光纤 5G 时代，基于第 5 代固定网络（F5G）的接入网宽带已实现 10Gbps 甚至 50Gbps。当前城域网中单波长速率已从早期的 10Gbps 提升至 800Gbps。单纤容量有望突破 100Tbps，未来还会继续发展。光通信通过单波长不断提高容量，通过波分复用不断扩展容量，通过 X 偏振、Y 偏振使容量又翻一倍，通过多载波复用容量又得以不断增长。

实际上，光纤容量远远未达到其理论值，今后还将向3个方向发展：一是提高单波长的比特率；二是扩展光纤频率，目前使用的主要是C频段，我们还可以用L频段和S频段，这样波长还可以增加。三是出现了应用新材料的光纤。中国目前是宽带渗透率最好的国家。截至2025年2月，100Mbps及以上接入速率的固定互联网宽带接入用户占总用户数的95%，1000Mbps及以上接入速率的固定互联网宽带接入用户占总用户数的31.7%。未来，光纤通信的标准化发展，将聚焦在超高速、新波段、新光纤、波长交换以及IP融合等方面。

第三，移动通信技术的持续演进。第一代移动通信主要采用模拟技术，一个蜂窝小区依托不同频率区分用户，即频分多址（FDMA）。以全球移动通信系统（GSM）为代表的2G，以数字语音传输技术为核心，按时隙区分用户，即时分多址（TDMA）。以码分多址（CDMA）为代表的3G，以码道区分用户。4G将频率、时间、码道都利用起来，采用正交频分多址（OFDMA），峰值可达到100M。5G多址方式与4G相同，但增加了空分多址，即大规模天线，故而将峰值提升至20G。6G尚处于研究阶段。

移动通信技术的演进，以10年为一代。每一代的峰值速率基本上是前一代的1000倍。技术的演进不只是多址方式，从1G到2G，我们从模拟调制进入数字调制；从2G到3G，我们从频分双工进入到频分和时分双工；从3G到4G，我们从电路交换进入到分组交换；从4G到5G，我们从非云化到云化；从5G到6G，我们会从通信连接到通、感、算融合，这是技术的进步。5G与4G相比，性能提升了1～2个数量级。5G与6G之间，5.5G（又名5G-A）又横空出世，其目标是在2025年实现商用，5G-A和5G相比，在下行峰值、连接密度、定位精度，甚至比特能效方面都改进了10倍。

虽然有这么高的带宽，但5G手机的体验感目前还差强人意。这是由于，一方面，5G手机屏幕太小，5G虽然能支持4K、8K，但4K、8K的屏幕与2K屏幕在手机上看不出区别；另一方面，5G能够快速下载，但10秒钟下载一部高清电影和1秒钟下载一部高清电影，体验上区别不大。自动驾驶领域，实现自动驾驶确实需要5G技术的支撑，但车联网产业还在发展之中。虚拟现实、增强现实也需要5G技术加持，但目前头盔、眼镜性能一般，且成本太高。事实上，目前5G技术的能力是超越应用的。那么，在这种情况下，为什么还要推出5G-A？因为它瞄准的是工业应用，而工业上的实时性要求更高。

图2所示为5G标准化的演进历程。5G标准发展的第1个阶段推出的是R15版本；而今5G已经商用，R16、R17版本相继面世；目前R18、R19版本的标准化进程已经开启，这两个版本就是5G-A或5.5G，之后要开始6G研究。预计在2030年，6G可实现商用，可见标准与市场、技术是不断协同推进的。

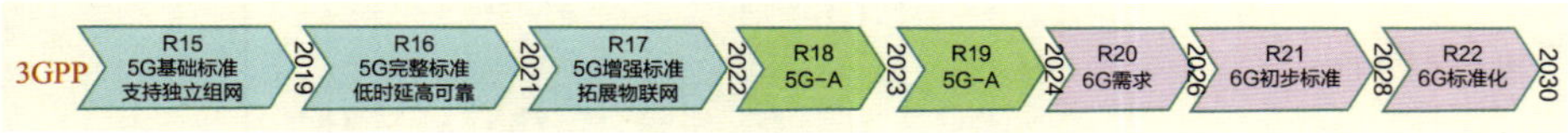

图2　5G标准化演进路线图

人工智能风头正劲。人工智能的第一个发展阶段开始于20世纪60年代，当时并不为人所知。1997年，IBM“深蓝”（Deep Blue）战胜国际象棋冠军卡斯帕罗夫，此后，IBM想把“深蓝”发展为机器人医生，但由于当时的人工智能诊断可信性欠佳，只知其然不知其所以然，并未得到推广使用。可以说第一代人工智能基于专家经验。

第二代人工智能基于大数据。2016年，熟读了上万份围棋棋谱的阿尔法狗（AlphaGo）战胜围棋高手李世石，可见大数据的威力。1年后，

AlphaGo zero 不读棋谱只学围棋规则，以 100 ：0 战胜了 AlphaGo，显示出算法的威力比大数据的威力更强。2022 年 11 月，ChatGPT 上线，其优点是数据不用标注，也不需要人为的微调，即可实现智能化的聊天，属于生成式人工智能。

第三代人工智能也即将兴起，我们需要知识和数据双轮驱动。当下的人工智能模型属于一个模型对一个任务，换一个任务就需要重新训练一个模型。未来，希望从一个模型单个任务迁移学习到多任务。ChatGPT 只能输入文字，GPT4 则可以输入图形，未来，希望可输入语音数据和视频，而这也是模型从单一模态到多模态输入的发展。

图 3 所示为 ISO、IEC 标准定义下的人工智能模型：训练数据导入后，先学习形成知识，再对输入数据进行处理，形成持续学习的闭环，再加入理解、人的知识和监督，最终产生输出。目前，ISO、IEC 为人工智能标准成立了 6 个工作组：基础架构、大数据、可信赖人工智能、用例和应用、计算方法和人工智能系统特征、人工智能的治理。中国负责计算方法这一小组，经过几年研究，已于 2022 年 7 月发布了关于术语标准以及人工智能架构的标准。2019 年，美国国家标准与技术研究院（NIST）发布了关于政府如何制定人工智能技术和道德标准的指导意见，美国将技术标准和道德标准并行推动。

2023 年 5 月 4 日，美国政府发布《关键和新兴技术国家标准战略》，旨在强化美国在关键技术领域的基础能力，巩固其在国际标准制定中的领导地位和竞争力，同时强调联邦政府对关键和新兴技术国际标准的支持。该战略圈定了以下需要重点关注标准制定的领域：通信和网络技术；半导体和微电子技术（包括计算、内存和存储技术）；人工智能和机器学习；生物技术；定位、导航与授时服务；数字身份基础设施和分布式账本技术；清洁能源的开发和存储；量子信息技术；智能互联基础

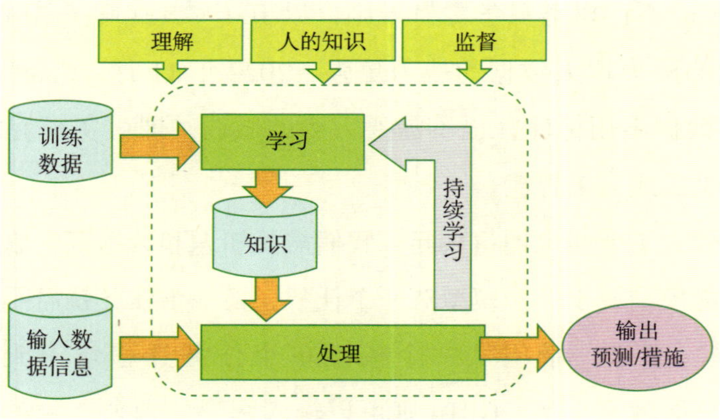

图3 人工智能模型

设施；生物资源库；智能网联和电气化运输；关键矿产供应链；网络安全和隐私保护；碳捕集、利用与封存技术。

三、标准数字化

随着新兴技术的发展，标准化工作手段也发生了变化。传统标准化验证需开展大量实验论证，而现在计算仿真试验可以代替实验试错，显著提升标准化工作效率。

比如，车企每开发一款新车型需累计验证400万千米可靠性验证，涉及近万个验证项目，其中包括成百上千次的仿真碰撞试验以及数十次的实车碰撞测试，单次实车碰撞测试成本超20万元，且需配置搭载大量传感器的碰撞测试假人。当前该领域受制于国外技术垄断，进口假人单价逾百万元，且不符合国人人体工学特征。开发新的假人标准则需大量试验，现在可以利用人工智能技术来加快标准化工作。自动驾驶汽车上路前需要进行超过100亿千米里程的测试，如果采用传统人工路测方案，需100辆汽车7×24小时测试100年。而搭载了人工智能芯片后的百度Apollo一天就可跑上百万千米。高铁因受列车编组长度的限制对试验用风洞有很高要求，而基于海量运行数据的人工智能分析模型可有效替代实体风洞试验。火箭发动机研制成本的 75% 都耗费在试车过程中，而美国 SpaceX 公司通过仿真替代大量传统实物试验，已经将火箭单次发射成本降低到传统商业发射公司的 1/10 以下。

标准数字化是数实融合的重要体现形式，包括两方面：一是标准表现形式的数字化，从机器可读入手，到机器可理解、可执行，实现标准应用的智能化；二是标准化研究与实施方法的数字化和智能化。工业生产线上有很多自动控制的机器，将工艺标准嵌入设备控制单元，机器就能自动按照标准规定的加工精度、速度来控制产品加工，生产出符合标准的产品。而且，工业上的标准不仅仅只有文字，还有曲线、图形、照片、公式、表格等。未来，希望生产设备机器能读懂这些内容，甚至能读懂开源软件、计算机程序，这是标准发展的重要方面。

机器可读与 ChatGPT 是类似的，就是对话，即标准和机器对话、标准代替人和机器对话。因此需要建立一个大模型，利用人工智能让机器判断应该按照标准实施什么样的作业，以及什么样的产品是合格的，过程有无偏差。当然也要考虑人的介入问题。我们要用数字化的方法建立数据库、建立标准化知识图谱、建立标准开源社区等。希望未来的标准研究工作不仅仅局限于标准研究小圈子，而是以众包的方式开放，鼓励大家来参与，建立相应的支撑平台，同时向着国际化推进。

当下也有很多新的标准亟待构建，比如数据管理方面，急需数据资产性及价值衡量的标准，需要有数据的产权和交易流通的标准，包括所有权、经营权、使用权的标准，还有对数据的治理特别是跨境数据流动的管理需要有数据分类的标准。

就互联网领域的监管而言，如要求淘宝、微信和抖音等平台之间共享数据，就会涉及企业的知识产权，彼此打通的可操作性和合法性存疑；如要求平台企业不能搞算法歧视，但如何衡量算法歧视，也是未解的问题。总体来说，目前关于数字平台的监管，标准滞后于实际。

此外，针对跨境电商税收的问题，目前国际上暂未达成共识，只好暂时延缓对跨境电子商务的税收征收。再者，关于人工智能，如何衡量机器人创作的歌曲和美术作品是否具有知识产权？如何判断利用人工智能深度合成视频是否存在造假问题？对于自动驾驶事故该如何界定安全责任？去中心化金融和虚拟数字资产有什么标准？产业数字化如何从效率提升中分解出 IT 贡献……这些领域都有待在实践中完善标准。

四、标准化国际竞争新格局

国际标准化面临新形势，话语权争夺白热化。《2021 年美国创新与竞争法》强调加强美国在国际标准化组织的领导力，同时提出要将标准制定与国际治理及人权问题绑定，以意识形态划线对中国技术提案进入国际标准设置障碍。国际标准化工作的多极化，一批地区性、区域性的专业领域标准组织占据技术前沿，垄断企业的事实标准控制产业链。三大标准化机构 ISO、IEC、ITU 日渐被边缘化，国际标准体系受到挑战。欧美建立跨大西洋标准化联盟，国际标准呈现“半球化”风险。美国牵头成立专业标准化机构，排斥中国加入，意图孤立中国。标准全球化饱受冲击，标准政治化愈演愈烈。与此同时，国际标准化力量新兴化，新兴国家争取国际标准化工作话语权的呼声日益高涨，能力日益提升。

就拿专利来说，专利的特点是专有性、创新性，标准的特点是公益性、成熟性，在这方面二者是对立的。但它们也有着可实现性、公开性、不断发展的动态性等共性。将标准强势与专利优势二者相结合可实现标准专利化，而标准专利化可给专利权人带来市场效益，这已经成为国际竞争中新的游戏规则，在快速发展的信息技术领域尤为突出。2021

年，全球 PCT 国际专利申请量位居前 10 位的企业，除三菱外，其余都是 IT 企业，并且几乎都与移动通信有关。由此可见，网络信息技术是标准专利化竞争最激烈的领域。

例如，过去，爱立信公司生产手机并拥有手机专利，中国企业也生产手机，当两者发生专利纠纷时，往往是通过协商的方式来解决，实现彼此的交叉许可。随着中国等新兴国家的崛起，一些西方国家的企业失去市场竞争力，爱立信公司也逐渐剥离原有业务，从原来的手机专利技术拥有者及手机专利实施者，转变为纯粹的专利技术拥有者，专利收费成为其主要业务。而关于专利的竞争，在当今已成为标准化竞争的重要内涵。

2023 年 2 月，欧盟委员会正式发布《标准必要专利监管框架》，提出了“全球统一许可费率 + 跨境禁售令”，以长臂管辖手段将标准必要专利定价权向欧盟专利权人倾斜。

中国拥有的 5G 核心专利数量全球领先。2019 年，全球 5G 授权专利数量约为 6 万件，其中标准必要专利数量超万件。中国主要企业在 5G 标准必要专利上的占比为 34%（图 4），而这一数据在 3G 时只有 7%，4G 时只有 20%。美国企业的 5G 标准必要专利占比仅为 14%，已落后于中国。

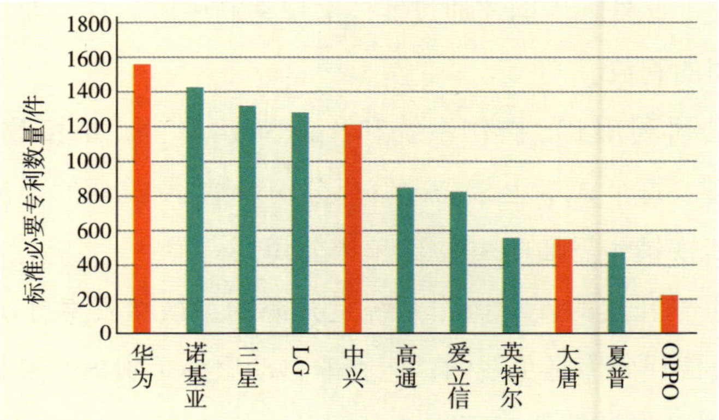

图 4　截至 2019 年 4 月，各大企业的 5G 标准必要专利数量

说到互联网标准，自20世纪70年代美国便一枝独秀，至今美国依然稳坐互联网标准的第一把交椅。中国近年来刚刚起步，据IETF官方统计，2021年中国提案占比上升到12.7%（全球第2位）。但在累计8000多个请求评议（RFC）文档中，由中国主导起草的还不到2%。在国际标准化机构中，美国以意识形态划线，抵制中国主导的标准提案。

2021年，中国发布《国家标准化发展纲要》，美国“中国战略组”在《非对称竞争：应对中国科技竞争的战略》报告中则宣称，美国要成立全球科技标准化组织，例如“Next-G联盟”，要求成员排斥中国企业参与6G标准工作组，试图割裂3GPP框架下的全球协作。总部位于瑞士的良好棉花促进协会（BCI）发布产品准入标准，并于2021年3月以有强迫劳动问题为借口抵制新疆棉花，进而打压中国。这些例子充分显示，标准已扩展到非技术领域并被用作政治工具。

高通公司依靠积累的移动通信技术专利，将芯片采购与专利许可费捆绑，在中国获取高额利润，同时利用专利收入补贴芯片研发，从而控制手机产业生态。美国联邦贸易委员会（FTC）曾诉高通公司垄断，但美国司法部、能源部、国防部以国家利益为由迫使FTC放弃对高通公司的诉讼请求，最终达成和解协议使高通公司“无许可无芯片”的收费模式合法化。此外，美国还通过实体清单遏制中国芯片产业发展，以确保高通公司的利益。

苹果公司利用iOS操作系统和App Store平台，承接数百万App，形成生态链。每个App上架需向苹果公司缴纳99美元的会员年费，而且App的每次销售需抽成30%给苹果公司。

谷歌主导开发的安卓操作系统是开源的，虽然安卓开源项目计划（AOSP）开源代码库是免费的，但谷歌移动服务（GMS）需要授权才能使用。这相当于谷歌控制了安卓OS的生态。华为自研鸿蒙OS系统，以微内核代替安卓的宏内核架构，定位手机及泛在终端，虽已开源，但其作为后来者生态仍然面临挑战。

高通芯片及其标准，以及苹果 iOS 系统、谷歌安卓系统都并非国际标准，但却已经通过事实标准控制了产业生态。

按照摩尔定律，每 18 个月芯片能力加倍。预计到 2030 年，半导体制程工艺可以达到 1 纳米（1 纳米相当于 10 个氧原子的直径），届时 1 枚芯片上将集成上万亿个晶体管。而要设计集成这么多晶体管的芯片，就必须要用到图 5 所示的设计工具软件。

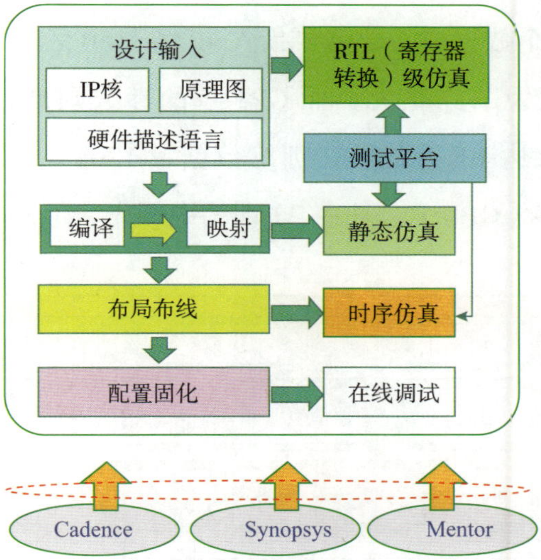

图 5　集成电路（IC）设计的 EDA 工具软件

将电路基本原理打通之后，即可在软件上生成电路图、晶体管排列图，以及在集成电路上的布局、布线图，甚至在没有流片之前就可做到仿真。这一设计工具主要由 Cadence、Synopsys、Mentor 3 家公司所有，前两家是美国公司，后一家是德国西门子收购的原美国公司，其研究机构还在美国，都受“实体清单”事件的控制。因此，美国宣布本国控制的电子设计自动化（EDA）公司不再对列入“实体清单”的单位提供版本升级与技术支持。ARM 是一种基于精简指令集（RISC）设计的微处理器架构，是设计中央处理器（CPU）的强有力工具，华为曾获得 ARM 最高等级授权，现在也被断供。由此可见，芯片设计工具软件也有事实标准。

人工智能领域也有事实标准。图 6 所示为 AI 系统框架。目前，AI 深度学习框架的主流是来自美国的 TensorFlow 和 PyTorch 开源软件库，可用于快速构建神经网络并进行网络训练和评估。我国 AI 应用主要依赖国外深度学习框架生态。据 OpenAI 报告，训练 GPT-3 模型需要 7 ~ 8 个算力为 500P（1P 相当于 1000 万亿次 / 秒的计算速度）的数据中心。而打造这样的一个数据中心，需要投入 40 亿 ~ 50 亿元人民币。2018 年，GPT-1 的参数仅为 1.17 亿元，而 GPT-3 的参数则高达 1750 亿元，目前的 GPT-4 参数达 1.8 万亿元，训练数据量 120T。目前英伟达公司的 A100 图形处理器（GPU）芯片在 AI 训练中领先，但对中国禁用。

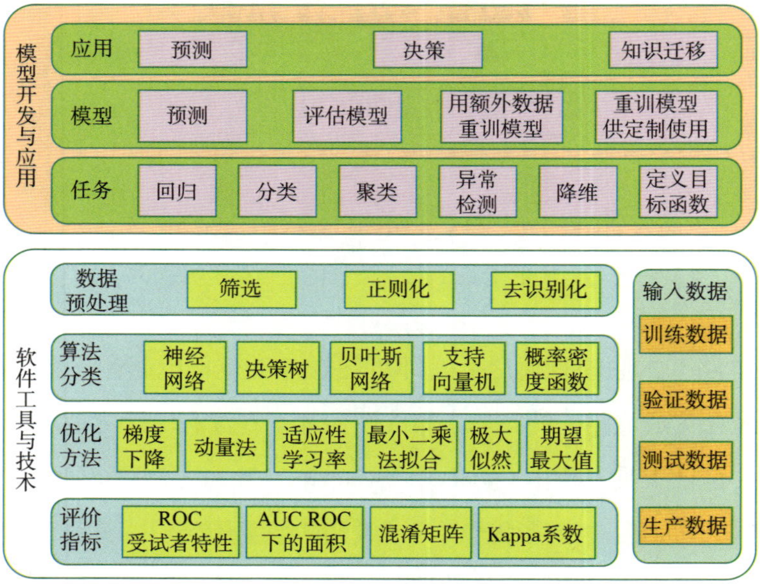

图 6　AI 系统框架

芯片设计与深度学习是人工智能生态中的两个重要部分。在这两个领域，我国对国外技术都还存在重度依赖。虽然国内的百度公司也推出了飞桨深度学习框架和文心一言[①]，但依然存在问题。中国拥有的数据量虽然庞大，但在ChatGPT训练语料里，中文只占1%，国内很多中文数据无法使用，且不对外公开，这是我们面临的难题。

数据是生产要素，我们不仅要防止数据泄露，也要防止数据被篡改。尽管数据加密是一种手段，但加密也存在问题。2016年2月，一名黑客入侵美国洛杉矶长老会医院网络，窃取了医院电子病例。原本想靠倒卖病历获利的黑客发现这些病例已被加密无法打开，一怒之下对加密的电子病历进行了二次加密。医院尝试了多种办法破解，均以失败告终。无奈之下，医院被迫以比特币形式向黑客交了大笔赎金。随着工业数字化转型的进行，越来越多的企业成为数据加密勒索的受害者，单靠企业本身提高安全防范意识是不够的，还需要企业之间、政府之间、社会之间在统一标准下建立关联方网络安全威胁情报共享机制。

另外，数据要融合，A企业要用到B企业的数据，B企业也想用A企业的数据，但谁都不愿意把数据送给对方，也不信任第三方。现在我们应用联邦计算、多方学习，不计算原始数据，而是计算加密的数据，但是要保证所选取的密钥可使加密数据计算结果与原始数据一样，这就是复杂的同态加密算法（图7）。

大家关心数据流动，中国也要积极参与国际数据跨境流通标准的制定。标准是个创新的过程。以移动通信为例，GSM的研究始于1982年，但直到1991年才正式投入商用，中国则在1994年才实现GSM商用，之后逐步衍生出短信、QQ、支付宝等应用。3G的研究始于1985年，

① 本报告时间早于DeepSeek发布时间。

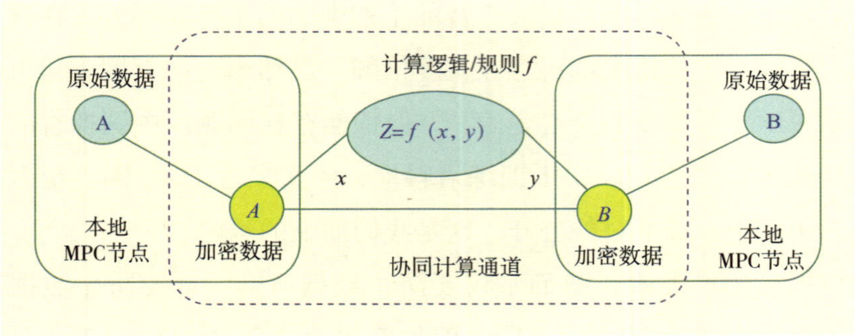

图7 同态加密算法

到2001年才开始商用，中国于2007年正式启用3G商用网络，随后催生了智能手机、微博、微信等。4G标准化研究始于2004年，2010年进入全球商用阶段，中国于2013年完成4G网络部署，随后4G的高速率催生了扫码支付、共享经济、社交电商及短视频平台等。5G研究自2013年启动，2019年进入全球商用，中国同步推进5G网络建设，之后也催生了一些新的应用。每一代移动通信从标准研究到商用需要5～10年，应用产生的新需求，反过来又推动标准的迭代演进。

当前急需增强国内企业在国际标准化工作中的合力。在国际标准制定中，我国在不少技术领域仍是跟随者，同时也在一些技术领域走在了全球前列。国务院国有资产监督管理委员会和不少地方政府将主导或参与国际标准制定作为考核企业创新的重要指标之一，激发了企业参与国际标准化工作的积极性，促成了国内企业在一些技术领域成为国际标准化课题主导者的局面。

在国际标准化工作中，需要强调国家利益最大化，加强政府对国内企业参与国际标准化工作的统筹引导，同时探索国内企业建立技术标准必要专利联盟的机制，切实维护国内参与企业在全球产业链及市场中的核心利益。

新时代标准化工作有新模式，标准化工作的重点从政府主导的国家标准转向市场驱动的团体标准。团体标准作为国家标准体系中的底座，突出了企业作为标准化主体的作用，以其专业性、广泛性、时效性推动标准化的发展，有效对接国际上团体标准快速发展的趋势。标准制修订从不确定性向阶段目标迭代演变，过去标准制定时不会预计修订的时间和新增的内容，而且修订周期至少几年。现在国际标准从起草之初就制定后续版本演进规划，逐年快速迭代演进，及时满足技术与市场的需要，标准的研究工作从试验试错向仿真寻优过渡。标准的制修订是一个研发过程，新技术的研发需要反复试验验证，需要付出成本与时间代价。现在利用大数据和人工智能技术，可以用模拟仿真代替试错过程，显著提升了效率，加快了标准的研发过程。标准的呈现方式从文本向机器可读数据及算法软件形态拓展。标准数字化成为新趋势，标准的呈现形式多样化，读和理解标准的对象从人发展到机器。政府对标准化工作的管理，从微观指导向宏观指导转变，通过营造标准化发展生态引领全社会标准化发展。

新时期对标准化有更高的期待。当今世界处于百年未有之大变局，全球格局重构引发国际关系重塑，标准作为国际规则的重要组成部分日益成为各国博弈焦点。国际形势的不确定性加快数字化转型步伐，推动新一轮科技革命和产业变革加速发展。颠覆性技术不断涌现，标准的科技与产业间桥梁作用更显著，在全球创新版图和产业布局深度调整中成为关键要素。经济全球化面临单边主义、贸易保护主义的严峻挑战，维护和发展多边贸易体制迫切需要进一步破除技术贸易壁垒，强化标准在全球贸易中的“通行证”作用。中国坚持标准全球化，但也要以我为主，发起建立新兴技术领域的国际标准化联盟。高质量发展呼唤数字化转型，推动 IT 与 OT 深度融合，跨界渗透更需标准化支撑。可持续发展问题日益突出，强化了标准成为解决健康、安全、环保等问题技术底线的责任。中国式的现代化，包括社会治理与乡村振兴等对标准化工作有更多期待。

主讲报告

标准国际化——面临的形势、问题及建议

主讲人：于欣丽

一、标准国际化面临的形势

（一）国际标准化发展现状

ISO、IEC 及 ITU 是当今世界上最具有影响力、最权威的国际标准组织，它们与世界贸易组织（WTO）等国际组织建立了密切的合作关系，对全球经济发展和国际治理发挥着重要的技术规制作用，被称为国际三大标准化组织。一些非常重要的国际组织也制定标准，如世界卫生组织（WHO）、国际海事组织（IMO）、国际民航组织（ICAO）、万国邮政联盟（UPU）、国际劳工组织（ILO）、联合国工发组织（UNIDO）、联合国贸易发展大会（UNCTAD）、国际贸易法委员会（UNCITRAL）等。美国材料实验协会（ASTM）、美国电气电子工程师学会（IEEE）、美国汽车工程师学会（SAE）、美国保险商实验室（UL）、3GPP、万维网联盟（W3C）、对象管理组织（OMG）、IETF 等则属于事实性专业技术组织。各大区域也都有自己的标准化组织，如欧洲标准化委员会/欧洲电工标准化委员会（CEN/CENELEC）、太平洋地区标准大会（PASC）、泛美标准委员会（COPANT）、非洲地区标准化组织/非洲电子技术标准委员会（ARSO/AFSEC）、东盟标准与质量咨询委员会（ACCSQ）、海湾标准化组织（GSO）、南亚区域标准组织（SARSO）、欧亚标准化、计量与认证委员会（EASC）等。

还有一类自愿性可持续标准（VSS）组织，维度跟前面有点不一

样，这里更强调的是企业，最有代表性的是宜家、沃尔玛。自愿性可持续标准名义上由企业自愿采用，但实际形成准强制性市场规则。这些标准虽聚焦于社会责任、生态环境保护、妇女儿童权益，安全等可持续发展目标，但供应商若不满足要求将被排除在合作体系之外。UNCTAD 主导建立了全球自愿性可持续标准协作平台，旨在推动国际可持续标准互认与实施。中国是首批建立国家级 VSS 合作平台的国家之一，该平台由中国国家标准化管理委员会指导，中国标准化协会负责运营。平台服务涵盖良好农业规范（GAP）、良好棉花发展协会（BCI）标准等国际主流可持续标准。

（二）国际标准化发展趋势

从发展趋势来看，国际标准化组织追求的是让国际标准“更好、更快、更简便”。当前国际三大标准化组织均以支持联合国 17 项可持续发展目标（图 8）为核心导向，重点推进包容性和多样性保障、数字化转型进程、标准体系整合优化等战略任务。当前重点前沿领域国际标准主导权竞争异常激烈。

图 8　联合国 17 项可持续发展目标

关于联合国可持续发展目标，国际三大标准化组织都在网站上开辟了专门的界面，开展了大量的活动。ISO 在支持 17 项可持续发展目标上做了如下工作：与 UNCTAD、UNEC 等联合国专属机构开展合作；上线 700 多项联合国可持续发展目标映射工具；与 ISO 的技术委员会（TC）充分沟通并进行指导，确保在新标准项目中融入联合国可持续发展目标。IEC 专注技术领域，因此 IEC 标准很难与联合国可持续发展目标完全对应，IEC 在支持 17 项可持续发展目标上通过标准体系实质性支撑 15 项联合国可持续发展目标，每个联合国可持续发展目标都有对应的标准总集和标准子集。ITU 每年召开“人工智能造福人类全球峰会”——联合国设立的人工智能领域全球包容性交流平台，ITU 以这种形式推动人工智能发展满足联合国可持续发展目标。

数字化是当前特别重要的热点。近年来，以大数据、云计算、人工智能为代表的新一代数字技术日新月异，催生了数字经济这一新形态。数字经济逐渐融入人们的日常生活，并深刻地改变着人类的生产生活方式。为支撑数字化转型发展，标准数字化势在必行。为此，ISO、IEC 对标准数字化给出了定义，将标准数字化程度分为 5 层（图 9）。第 0 层为传统纸质标准；第 1 层为开放数字格式，可在屏幕上阅读和检索；第 2 层为机器可读文档，其内容是结构化的、标记的、可检索的；第 3 层为机器可读内容，即标准的内容必须进行细粒度的结构化和标记，不再是简单的章节层面，而要对每个语句内容进行细致的“解析”，并标记出具体对象、要求、性能、指标、参数、相互关系等，也就是语义标签化；第 4 层为机器可解释内容，本层具有知识性、整合性、计算性、交互性、追溯性等特点。

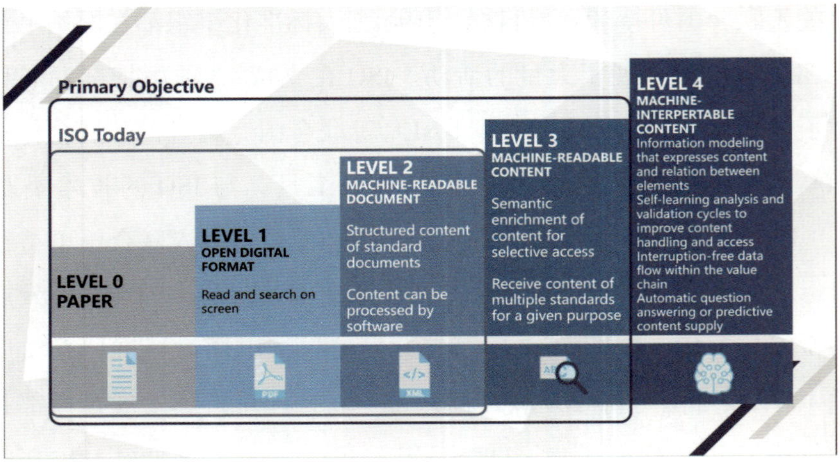

（a）英文版

（b）中文版

图 9　标准数字化程度的 5 个层级

ISO/IEC 的战略规划文件明确界定了全球标准化的重点领域，包括人工智能、物联网、机器人技术、5G 通信等新兴技术领域，以及医疗、旅游、金融、文化、现代服务业等产业融合升级领域。上述领域也是各国抢占产业竞争制高点的战略焦点。

（三）国际标准成为各国战略重点

韩国政府高度重视国际标准制定，以此掌握技术话语权，提升其在全球市场的竞争力。2024 年 5 月，韩国政府出台《先进产业国家标准化战略》,《下一代半导体标准化战略》是其中的领域战略之一。俄罗斯也提出了明确的国际化竞争战略，明确设定了 2027 年前成为 ISO/IEC 常任理事国的战略目标，计划将承担的秘书处数量由 12 个增长到 40 个，通过体系化部署强化标准领域国际话语权。

二、我国标准国际化发展情况

中国于 2008 年担任 ISO 常任理事国，2011 年担任 IEC 常任理事国，2015 年当选 ISO 主席并同期就任 ITU 秘书长（此后连任两届至 2022 年卸任），2020 年出任 IEC 主席。图 10 为中国参与国际标准组织的情况。

图 10　中国参与国际标准组织的情况

图 11、图 12 反映的是中国承担 ISO、IEC 主席和秘书处的数量。各国都把国际标准话语权作为一个战略资源来争夺，争夺在国际标准组织中的领导职务，争夺牵头制定国际标准的数量，意图将自己主导的技

术放进去。截至 2024 年 6 月底，我国牵头制定并发布 ISO、IEC 国际标准 1705 项。在纳米、石墨烯、无人机、5G、量子技术、数字孪生、智慧城市、物联网、增材制造、北斗导航等关键和新兴技术领域，主导 ISO、IEC 等国际标准组织下设工作组的召集工作，累计担任国际标准制定项目召集人近百项。

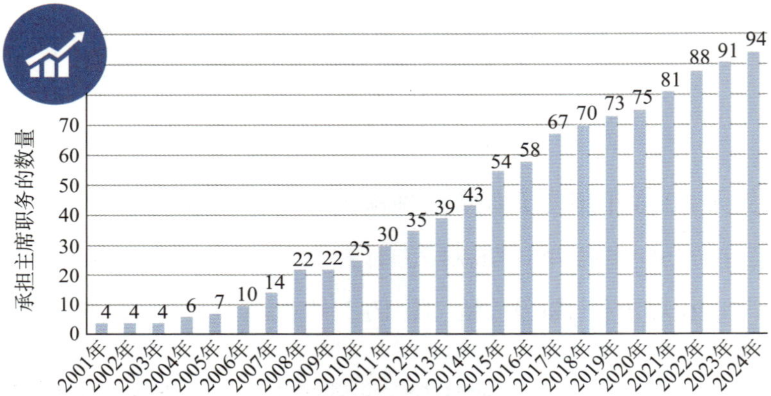

图 11　中国承担 ISO、IEC 技术委员会主席职务的数量

注：截至目前，承担主席 / 副主席 94 人。其中，央企 16 人。

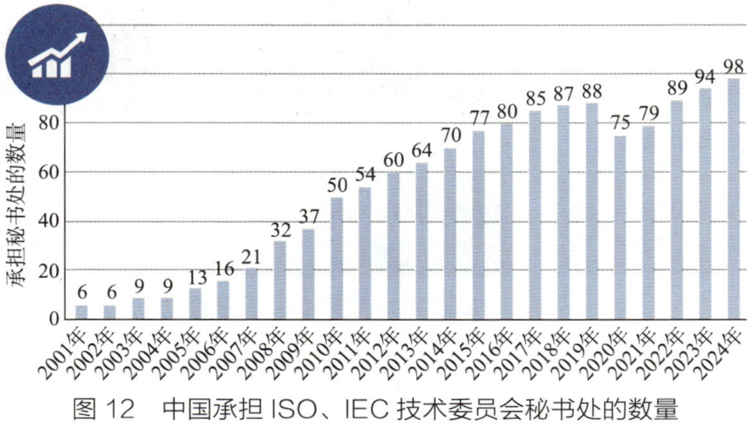

图 12　中国承担 ISO、IEC 技术委员会秘书处的数量

注：截至目前，承担秘书处 98 个。其中，央企 22 个。

2008年前后，中国的标准提案并不完美，欧美国家曾以技术合作为由，提出要帮中国一起完善并共同提交提案，鼓励中国参与国际标准化活动。然而，随着我国标准化实力快速提升，以美国为首的部分国家开始防范中国的标准国际化进程，打压手段也从技术壁垒设置逐渐演变为政治干预。

当前，国家之间也在争抢国际标准话语权。某些国际标准组织及国际专业性技术机构对中国实施针对性压制，防范中国标准“走出去”。比如，在我国和“一带一路”国家签约时，尽管中国工程建设标准在技术适配性、成本效益方面具有显著优势，但沿线国家受地缘政治影响往往不愿意采用中国标准，使得标准“走出去”的难度大大提升。

美国还试图利用标准手段对我国设置新的技术阻碍，连续出台多项以中国为目标、争夺国际标准主导权的霸权政策。2019年，美国众议院提出《确保美国在国际标准上的领先地位法案》，剑指中国在国际标准化制定中影响力提升的趋势，明确授权美国国家标准技术研究院开展深入研究，推出遏制措施和方案；2020年，美国高端智库发布《面对中国的挑战：美国科技竞争战略》报告，渲染中国正在努力主导全球技术标准，提出重建美国在全球技术标准制定中的领导地位；同年，美中经济与安全审查委员会向国会提交2020年度报告，无端指责中国技术标准输出扰乱国际技术格局；2021年，美国国家标准学会发布《美国标准战略（2020版）》，强化美国政府作用，进一步推进美国标准输出，争夺新兴技术领域标准政策与技术领导权；2023年5月，美国商务部发布《关键和新兴技术国家标准战略》。

关于《关键和新兴技术国家标准战略》，需要关注以下几点。第一，它是美国首次以官方（白宫）最高规格发布的国家标准战略。第二，强调标准对美国竞争力和国家安全的重要性，提出开展关键和新兴技术标准研制对未来美国竞争力和国家安全具有重要的战略意义。第三，提出有针对性的战略目标和针对措施。美国的战略目标比较翔实，包含经费投入、推动参与、人才教育、完整性和包容性。在此，完整性是指体系的完整性，包容性是指各个利益相关方的诉求能够更广泛地体现在美国国家标准中，以及配套部署重点措施，包括：各政府部门合力强化在标准化工作中的作用，政府和标准化部门（私营部门）交流合作，加大标准化人才培养，缩短在美召开标准化国际会议时与会代表获取签证周期等。第四，加强与盟友国际标准化合作，提出要推动反映民主价值观和利益的全球技术规范、标准和治理模式。明确争夺国际标准组织中技术委员会的领导权和标准制定权。

美国出台这份文件在意料之中，这是一份针对中国及其盟友的声明。美国在国际标准组织的长期领导地位“被撼动”，导致其相关领域技术和产业遭受挑战。这份声明旨在引导部分区域和国家“选边站队”，甚至意欲进一步左右国际标准组织规则。

三、对标准国际化工作的几点建议

第一，以中央提出的标准的制度型开放为目标，统筹做好引进来、走出去，服务好经济和社会的发展。

第二，以标准战略对接、体系兼容为统领。国家主席习近平在第一届和第二届的“一带一路”国际合作高峰论坛上都提出了明确的要求，促进政策、规则、标准三位一体连通，促进国家间标准体系兼容。其路径是：共同制定国际标准，相互采用对方的标准，联合制定双方都有需求的标准，双方都有的要互认。

第三，以全域标准化为方向，全方位参与国际标准化活动。积极争取国际标准组织领导席位，争取承担更多的TC主席、秘书处、召集人，多做贡献。

第四，团体标准组织的国际化。要进一步扩大开放合作，不断完善团体标准国际化的组织体系、工作体系和制度体系，选优培育具有国际影响力的团体标准组织。

第五，在区域标准化方面，提高区域提交国际标准议题的能力及区域平台发挥影响的能力。区域是很好的宣传平台，更容易接受中国的标准。

第六，继续扩大朋友圈，让更多的朋友跟我们站在一起，我们在国际上是需要支持的。

第七，在国际标准化活动中要注意不要太功利。国际标准化是需要广泛参与和合作的过程，如果过于追求个人利益或短期利益，可能会忽视整体的利益和长远的发展。要积极参与并贡献自己的力量，同时尊重他人的观点和贡献，共同推动国际标准化的进程。

第八，加大培养国际标准化人才力度。国际标准化工作涉及跨国界的技术合作与协调，需要具备专业知识、跨文化交流能力和国际视野的人才来参与和推动。这些人才能够理解和适应不同国家的标准和规范，能进行有效沟通和协商，促进国际标准的制定与实施。

互动环节

问题一：面对欧美在专利上领先的情况，中国在突破欧美专利壁垒方面需要做哪些努力？

答：第一，要关注技术创新不足的问题。如果不能形成一定的技术门槛，那么我们在国际技术标准上就一定不会有发言权。并且作为技术后发者，等到我们觉得可以提出标准时，先前的标准已经摆在眼前。即使技术再好，我们也没有提出标准的机会，这牵涉到如何能够在技术上创新领先的问题。

第二，要敢于面向竞争。中国的移动通信标准之所以能够引领国际，得益于中国很早就开放了通信市场。我们只有在国内市场面对国际竞争，才能促进技术的进步。

第三，中国有广阔的市场。市场的确换不来核心技术，但市场对于培育技术必不可少，怎么通过市场促进技术快速发展，值得我们认真思考。当前，中国在通信、高铁、新能源、光伏、风电等领域的发展状况良好，这都得益于我们拥有广阔的市场。

第四，尽管当前的国际形势对中国标准国际化工作并不利，但中国应敢于引领标准制定工作，最终以技术来获取国际市场的认可。

问题二：中国高铁技术标准走向国际化，有哪些经验值得借鉴？

答：第一，中国高铁取得今天的成就，展现给全球的是技术的先进性与创新性。与此同时，中国高铁在发展过程中形成了大量的实际运营经验和数据，这是奠定中国高铁标准走向国际最重要的基础。技术上的先进性、引领性、创新性，在整个产业过程当中是起决定性作用的。目前，就 ISO 所编制的高铁技术标准而言，中国主导的国际技术标准占比为 23%。

第二，标准制定是国家、社会团体和企业之间协同发力的过程，需要在不同层次上影响和主导国际标准顶层技术设计、标准战略规划。

第三，我们要培养一批技术过硬，对技术理解透彻，语言过关，熟知国际标准制定、国际标准和企业专利之间的相互融合关系的复合型人才。

第四，技术人员和社会团体应积极参加国际学术交流会、标准相应的组织上的会议，构建对我国技术发展方向、创新成果和产业作用能够有共识的“朋友圈”，共同推动国家标准向国际标准转化。

问题三：5G领域，中国真的拥有“先行者”优势了吗？

答：中国在2G时代是观望，3G时代开始跟跑，4G时代并跑，5G时代部分领先。

从2015年开始研究，到2019年发布第一个版本，再到完成第一阶段全功能标准化工作，5G技术演进目前处于第二阶段。在此过程中，中国确实在5G技术标准制定方面拥有先行者优势，但并非唯一主导者。标准是多个企业在一起，多个利益互相博弈，最终达到妥协和平衡的结果。我们也不是追随者，我国在5G技术领域已建立起显著的专利优势，比如在标准必要专利储备方面，国内企业表现良好，截至2023年，中国企业声明5G标准必要专利族达1.8万项，全球占比近40%。

此外，国内产业成熟度领先于国际。截至2022年年底，国内5G基站数量已达231万个，占全球总量的一半以上，在基础设施建设方面处于国际领先地位。预计2025年国内5G基站数量将达到390万个。因此，从产业成熟度、技术突破、标准参与方面来看，中国确实处于领先态势。

问题四：中国技术标准国际化工作面临打压，除在技术上谋得突破以外，该如何用法律武器保障权益？

答：虽然在一些领域，特别是在技术转型领域，如新能源汽车、光伏、风电、高铁、5G等，我们确实抓住了机会。但这些领域原有的标准及标准化机构早已存在，并制定了相应的规则，当时我们并没有参与。因此，在一定意义上，规则解释权在人家手里，或者说发达国家掌控了一些技术委员会、标准化机构的地位，他们可以做一些有利于自身的规则解释。因此，我们既需要技术上的领先，还需要更多地参与到规则的治理中。

技术与法律的结合，这是一个比较新的概念。早年的标准并没有标准专利化，标准与专利是不挂钩的。随着技术标准的发展，特别是自第三次工业革命以来，专利技术也开始嵌入标准中，形成了标准必要专利。对此，国际标准机构原本制定了相关规则，比如要求提案方事先披露技术方案中是否含有专利，以便成员评估该技术提案能不能写到标准里。然而，部分国家或企业隐瞒了技术中含有专利的事实，等到技术被采纳为标准以后，再声称这其中有他们的专利，导致标准和专利捆绑，从而为他们带来可观的商业利益。因此，要衡量一个专利是不是有效，既需要技术层面的分析，也需要结合知识产权法律进行综合判断。另外，我国比较缺乏既懂技术又懂知识产权的复合型人才，这给知识产权法庭的审判工作带来一定挑战。未来，我们应加强相关领域的人才培养，用法律手段维护我们的经济与技术发展权益。

中国科技会堂论坛第二十六期

智慧交通与自动驾驶

导读

智慧交通，将多种先进技术与交通运输深度融合，可提升出行效率，满足安全出行需求。智慧交通正在重构交通管理服务的图景，实现人、车、路、环境的协同互联。打造智慧交通管理系统也是建设智慧城市的必然要求，其中自动驾驶技术是发展智慧交通的重要支撑。

当前，打造集网联化、智能化、系统化为一体的新一代智能交通管理系统，成为各国争相竞逐的前沿技术焦点。在中国，智慧交通建设已成为交通强国战略的重要组成部分。近年来，中国政府发布多项政策推动智慧交通发展，已取得多项成果。

然而，中国要继续推动智慧交通发展，还面临着来自关键技术、应用落地、行业认知等方面的挑战。中国该如何抢抓科技创新发展机遇，在全球智慧交通行业的竞争中脱颖而出？

主讲嘉宾

李克强

中国工程院院士，清华大学车辆与运载学院教授，智能绿色车辆与交通全国重点实验室主任。

长期致力于汽车智能驾驶系统动态设计与控制的理论研究和技术开发，针对汽车智能化技术演进及其产业化发展的重大需求，攻克了“控制协同”“结构共用”“车云融合”三大核心关键技术。

王　坚

中国工程院院士，阿里云创始人。

首创“以数据为中心”分布式云计算体系架构，率先提出采用计算作为公共服务的产业模式，主持研发以大规模分布式计算系统“飞天”为核心、拥有自主知识产权的阿里云计算平台。

互动嘉宾

李　斌　交通运输部公路科学研究院副院长、总工程师，国家智能交通系统工程技术研究中心主任。主要研究领域为智能交通系统。

廉玉波　比亚迪股份有限公司总工程师、汽车工程研究院院长。全面负责比亚迪传统汽车及新能源汽车整车和关键零部件核心技术开发。

主讲报告

智能交通与自动驾驶

主讲人：李克强

一、系统概念与发展背景

交通是国民经济发展的动脉，汽车产业是国民经济重要的支柱产业。从第一次工业革命到第四次工业革命，汽车在每次工业革命中都堪称一个典型的载体。图 1 所示为汽车交通系统技术重大变革的历程。当前的第四次工业革命是基于大数据、云计算、人工智能等新一代移动通信技术与汽车、交通体系的融合，即基于新一代信息与通信技术（ICT）的智能化、网联化的新型交通系统，我们称之为智能交通系统。智能交通涉及以下 3 个概念。

图 1　汽车交通系统技术重大变革的历程

第一个概念是智能交通系统（ITS），是指利用信息、通信、控制技术把车辆、道路、使用者紧密结合起来，以解决交通事故、拥堵、环境污染及能源消耗等问题为目的、具有智能化特征的现代交通系统。智能交通系统不仅仅是一个交通管理系统，而是会对交通系统中的每个要素，如车辆、基础设施、使用者等产生重大影响与变革的智能化的系统。

第二个概念是自动驾驶汽车，就是在普通汽车的基础上增加先进的传感器（雷达、摄像机等）、控制器、执行器等装置，通过车载传感系统实现车与X（人、车、路、云等）智能信息交换，具备智能的环境感知能力，能够自动分析汽车行驶的安全及危险状态，按照人的意志到达目的地，最终实现替代人来操作的新一代汽车。我们把完全替代人的操作实现自动驾驶的称作高度自动驾驶，部分替代人的操作，则被视为辅助驾驶。

第三个概念是车联网，顾名思义，车联网就是利用移动信息技术将车辆连接在一起形成的网络。真正的车联网是“三网”融合的网，包括车内网、车载移动互联网、车际网。车内网是指通过应用成熟的总线技术建立的标准化的整车网络，车载移动互联网是指车载终端通过4G/5G等通信技术与互联网进行无线连接，车际网是指基于C–V2X技术和IEEE 802.11系列无线局域网协议的动态网络。

智能交通系统、自动驾驶汽车与车联网3个概念既有相同之处，也有相异之处，图2形象地展示了三者之间的关系。自动驾驶汽车一定是智能交通系统的一部分，车联网与智能交通系统有强耦合之处，其中车联网与自动驾驶汽车相关的是网联式自动驾驶，与交通设施相关的是网联基础设施。此外，车联网还涉及出行服务、汽车电商、智能制造等。

智能交通系统经历了3个发展阶段：1.0阶段集全网覆盖、动态感知为一体；2.0阶段包含主动规划、主动交通管理、主动指挥调度；3.0阶段迈入以智能网联为核心的发展阶段。前两个阶段更多地涉及政府管理层面，3.0阶段则不仅关涉社会管理，更重要的是希望智能交通能为

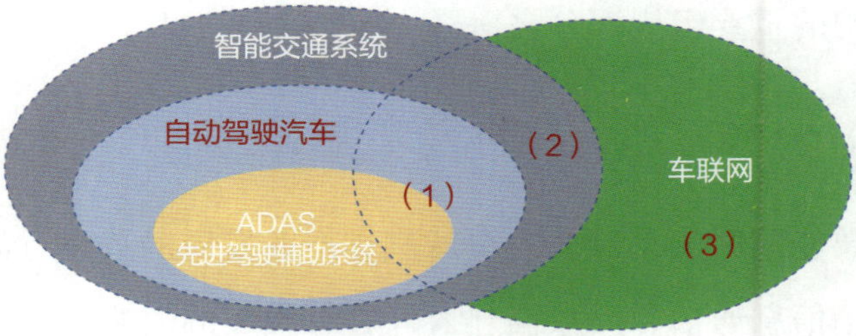

（1）—协同式智能车辆控制（智能网联汽车）；（2）—协同式智能交通管理与信息服务；（3）—出行服务、汽车电商、智能制造等。

图 2　车联网、智能交通系统及自动驾驶汽车的关系

车辆运营服务。

智能交通 3.0 时代必定是万物互联的时代（图 3），伴随移动通信技术、人工智能不断发展，车与路之间的协同会越发紧密，单车的智能化程度也会大幅提升。自动驾驶汽车，或说广义的智能汽车，是智能交通系统的重要组成部分。

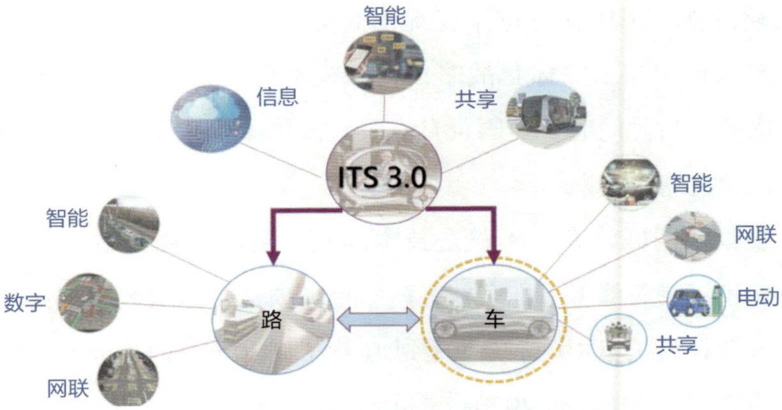

图 3　万物互联的智能交通

智能网联汽车是智能汽车发展的一个新阶段，它区别于依靠传感器驱动的单车自动驾驶，以及依靠互联网实时在线通信驱动的网联式汽车，是将单车自动驾驶与网联式汽车融为一体的新产品、新模式、新生

态，是车联网的重要组成部分之一。

二、国内外发展动态

当前，智能网联汽车已成为全球汽车产业发展的战略方向，也是带动人工智能、信息通信、大数据、云计算等发展的战略制高点。智能网联汽车实现了汽车与相关产业加速跨界融合和深度协同，产业链重构，价值链不断扩展延伸，成为我国3个万亿元级产业（汽车、通信、信息）技术融合创新的载体，具有极强的产业带动性。在应用层面，智能网联汽车产品功能和使用方式深度变革，汽车逐渐转变为智能移动空间，其中涉及的各种增值功能，将会对社会治理、交通管理带来重大影响。目前，通过制定国家战略强化部门协同合作等措施，发达国家已形成智能网联汽车先发优势。

近年来，全球加速网联化融合发展布局，智能化、网联化融合发展路径逐渐清晰。中国在全球率先提出智能化、网联化融合发展技术路线，坚定践行车路云一体化战略，在云控平台、5G、C-V2X等方面具备先发优势。与此同时，美国、日本及欧洲国家也正积极推进车路协同技术与产业化路线实践。

发展智能网联汽车，不仅是技术问题，更涉及社会治理变革的问题。国外政府层面部署了许多智能汽车重大项目，如欧盟科技计划从第四研发框架计划（FP4）持续发展到地平线2020计划（Horizon 2020），2014—2020年，Horizon 2020支持近800亿欧元项目经费。其中，智能交通与自动驾驶，特别是近年来强调的网联协同的自动驾驶，是其重点支持领域之一。

全球智能网联汽车技术研发持续加大投入，不同等级自动驾驶技术逐步成熟并进入市场化应用。按照SAE的标准，自动驾驶汽车可按智能化、自动化程度水平分为6个等级：无自动化（L0）、驾驶辅助（L1）、部分自动化（L2）、有条件自动化（L3）、高度自动化（L4）和完全自动化（L5）。当前，量产L2级功能智能化水平不断提升，L3级自动驾驶逐步进入量产阶段，支持脱手驾驶。预计2025年后L3级自动驾驶将逐步实现量产应用，2030年后L4级自动驾驶将逐步实现多场景应用。

汽车交通产业已成为大国科技竞争的战略制高点。随着大国战略博弈全面加剧带来的世界格局变化、新一轮科技革命和产业变革引发的创新范式变化，以及制造/交通强国建设不断升级带来的技术需求变化，汽车交通产业同样面临着新时代、新机遇、新要求，要有所突破，必须站在战略高度上加以思考。

习近平总书记指出，我们要成为制造业强国，就要做汽车强国；我们发展自己的汽车制造业，像一汽这样的企业要当先锋。一定要把关键核心技术掌握在自己手里，要立这个志向，把民族汽车品牌搞上去；关键核心技术是要不来、买不来、讨不来的。我国在智能汽车的发展方面，顶层规划及产业政策也在日趋完善。近年来，我国加速政策法规制修订步伐，完成顶层设计规划，加强智能网联汽车安全管理、技术研发、示范应用，推动智能网联汽车与新能源、智能交通、智慧城市等的融合发展。

2020年2月，国家发展和改革委员会等11部委联合发布《智能汽车创新发展战略》，提出建设中国标准智能网联汽车和实现智能网联汽车强国的战略目标，部署六大体系20项重点任务。目前，我国自动驾驶产业化进展显著，超出技术路线图预期。辅助驾驶已经实现大规模推广普及，L3级自动驾驶进入准商业化量产阶段，L4级自动驾驶示范蓬勃开展，网联化融合进入前装量产与推广应用阶段。总体来看，具备下一步智能化、网联化融合发展的基础。

三、中国方案与产业化推进

智能网联汽车具备两大重要特征。其一是多技术交叉、跨产业融合。常规汽车是机电一体化产品，而智能网联汽车是机电信息一体化产品，需要汽车、交通设施、信息通信基础设施（包括4G/5G、地图与定位、数据平台）等多个产业跨界融合。其二是区域属性与社会属性增加。智能网联汽车在行驶过程中需要通信、地图、数据平台等具有本国属性的支撑和安全管理工作，同时，由于每个国家都有各自的使用标准规范，因此智能网联汽车开发和使用具备明确的本地属性。因此，在这种情况下，各国都在探索智能网联汽车产业化发展的技术路线，中国面临同样的机遇与挑战。

智能网联汽车由新一代信息通信技术、汽车系统技术、融合交叉技术三者融合组成，需要跨界协同、融合创新，当前，尚没有成功经验和既定道路可以借鉴，这是我们面临的机遇。与此同时，我们也面临着以下挑战。如果沿着单车智能化驾驶水平逐步提升的渐进式发展，我国在汽车电子、车辆控制执行方面的差距在渐进式发展道路中会被持续放大，将导致未来我国智能网联汽车产业核心技术的“空心化”。对于以单车高度智能化驾驶为核心的阶跃式发展，我国不具备先发优势，特别是在高精度传感器、高性能中央处理芯片、计算平台、开发测试工具链等方面存在诸多卡脖子技术。因此，我国必须立足高新技术与产业发展要求，并结合国情，打造智能网联汽车创新发展的“中国方案”。更重要的是，汽车在行驶过程中所需的通信、地图和数据具有极强的本地属性，需要国家统一的安全监管，我们难以直接复制引用国外技术。

因此，我们提出车路云一体化的中国方案，该方案包含一个架构，

（车路云一体化融合的系统架构），具备两大技术特征（分层解耦、跨域共用），满足3个基本标准。3个基本标准的内涵如下：其一是符合中国基础设施标准，即符合中国的道路基础设施标准、地图数据标准、V2X通信标准、交通法规等；其二是符合中国联网运营标准，即符合中国要求的智能网联汽车准入、联网运营监管、信息安全与数据治理等相关标准；其三是符合中国新架构汽车产品标准，即符合中国标准的智能终端、通信系统、云平台、网关、驾驶系统等新架构汽车产品标准。

总体而言，车路云一体化的发展思路，即通过建立智能网联汽车信息物理系统架构，充分融合智能化与网联化发展特征，以五大基础平台为载体，实现车路云一体化的智能网联汽车系统。

车路云一体化的核心优势在于分层解耦、跨域共用，也就是将基础层与应用层分开，基础层要跨域打通，让应用层共用基础层。在这样的情况下，未来谈及自动驾驶，实际上已经形成车路云一体化的融合控制系统（图4）：车与车连接、路侧信息融合、标准互联互通。

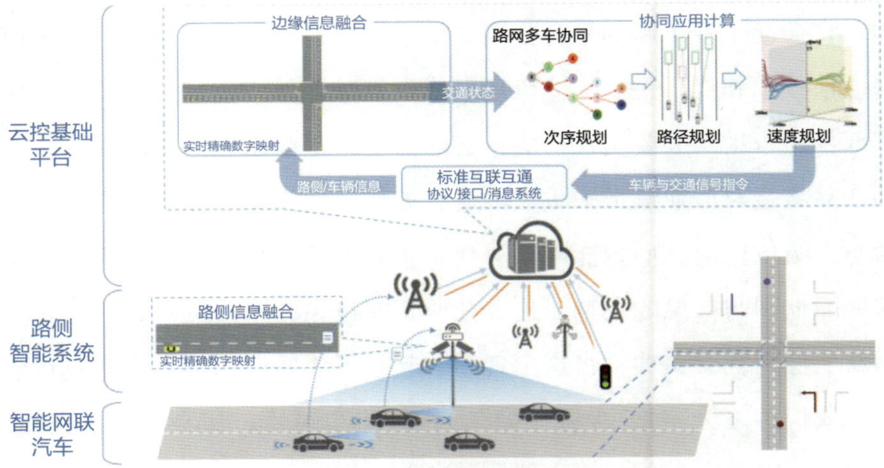

图4 车路云一体化融合控制系统

与此同时，支撑中国方案智能网联汽车（图5）还需要五大新型“零部件”，即终端基础平台、计算基础平台、云控基础平台、高精动态地图基础平台、信息安全基础平台。这五大基础平台具备基础层和应用层分层解耦，基础层跨域共用、开放共享，应用层各自独立、竞争发展的产业技术特征。

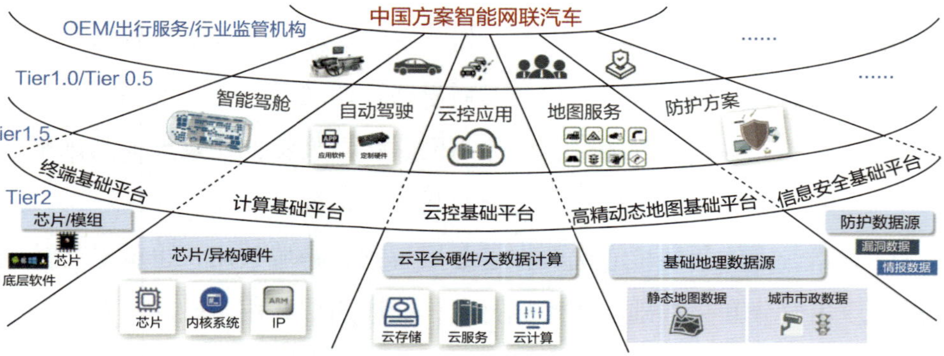

图5　中国方案智能网联汽车

在智能网联与智慧交通协同架构下，智能汽车产业必然会发生重构，将会诞生若干新的平台公司。如果给平台公司下个定义，就是信息与通信技术和汽车融为一体以后形成的基础部件，也即上述的五大新型零部件。自动驾驶要实现功能，必然需要若干个基础产品的支撑。这样的产品将会对产业链带来重大改变，如传统的汽车产业链包含一级供应商与二级供应商，而智能网联时代最重要的是通信，信息如何共享及如何保障地图与信息的安全。这3个要素在过去并未涉及，它们兼具科技创新属性与社会属性，将这三者结合起来形成的产品形态或企业将会诞生，我们称之为“1.5级供应商”。常规汽车时代，核心部件是发动机、变速器。电动车时代，核心部件是电池。智能网联时代，核心部件是上述提及的五大技术平台。未来，将会诞生这样的平台产品，以及生产这些平台产品的新的产业形态，重构产业生态。

当前，外界对车路云一体化方案有三点存疑：其一是信息基础设施支持不足时（通信不可靠或缺失），网联行驶不能实现；其二是信息基础设施建设成本高，网联行驶难以大范围部署推广；其三是实施车路云一体化方案，网联行驶的性能优势不突出，没有商业盈利模式。下面我们将对这 3 个问题予以回答。

第一，信息基础设施不可靠怎么办？车路云一体化，同时支持公网 / 专网多网融合、直连 / 蜂窝混合组网，提升实时、高可靠的连接。同时，兼容单车自动驾驶技术方案，在无线通信丢失中断时，自动降维成单车智能模式。

第二，涉及部署成本的问题。实际上，车路云一体化，系统总体成本可控甚至更低。一方面，低比例成本增加，赋能智能交通管理。传统道路扩建受限，通过新技术赋能，以小于传统基建 3% 的成本，有效实现交通扩容。升级传统智能交通系统功能，推动汽车、交通、通信融合发展，进一步提升交通安全、效率。另一方面，车路云一体化降低车路端总体成本。通过车路云一体化，将部分感知、算力移至路侧和云端，有效控制车端配置堆积，车路大系统成本总体最优。

第三，网联行驶的性能优势究竟如何？

其一，超视距协同感知叠加全局数字映射，感知更全面，克服感知盲区等瓶颈。云端交通态势全息数据，提供基础数据服务，成为交通管控和城市管理的重要基础数据资源。同时，网联行驶能够提升单车感知能力，进一步降低自动驾驶出租车（Robotaxi）等运行风险，扩展设计运行域（ODD）范围，加速高等级自动驾驶商业化进程。

其二，协同决策与协同控制，显著提升智能驾驶合理性，应对复杂工况更可靠。城市道路工况下的预测性绿波车速引导，显著提升公交车等车辆通行效率，降低运行成本。如在典型城市交通流条件下，纯电动公交车的站间行驶节能率超过15%，带动周围车辆节能率约2%。高速公路工况下的预测性分层融合控制，有效降低干线物流商用车的行驶成本，减少碳排放。在典型高速公路场景下，商用车百公里节油率约5%，单车全年可节约燃油费用超过2万元人民币。

其三，三级云架构广域分布，跨域数据打通，克服车端数据和算力不足的局限。一是车云协同计算，避免单车自动驾驶传感器和计算器的高额成本堆砌，通过打通车企平台与云控基础平台，提升企业云平台的产品赋能效果，降低企业云平台建设成本。二是以云平台支持智慧出行服务，探索新型管理和出行模式探索，如道路使用动态收费等新模式，提升共享公共出行利用率与道路交通资源利用效率。三是依托云控基础平台，实现数据整合，充分发挥数据价值，服务车企研发与产品迭代，推动自动驾驶场景库建设，支持UBI车险等商业创新。

当前，中国正加速探索车路云一体化发展路线与示范应用，开放道路超15000千米，累计道路测试总里程超6000万千米，测试示范牌照超2800张，部署RSU超过7000个。示范应用是衔接技术研发与商业推广的关键环节，下一步将策划车路云一体化规模示范工作。

四、高质量发展建议

第一，借鉴成功经验，加强顶层设计谋划，健全法规标准体系，打造良好创新生态。充分借鉴新能源汽车发展宝贵经验，全面强化智能网联汽车顶层谋划。发挥试点示范作用，持续完善政策法规标准体系，营造良好的发展环境。对标国际重大专项推进经验，打造跨领域协同创新体系。

第二，加强车路云一体化发展共识，以五大基础平台支持车路云一体化高质量发展。推动信息安全基础平台建设，服务国家智能网联汽车信息安全监管体系搭建。依托高精动态地图基础平台，探索地理信息安全防护与高精动态地图合规应用之间的平衡。加速城市级云控基础平台建设，以车路云融合示范，形成安全监管与服务协同的最佳实践案例。加速智能终端基础平台、计算基础平台产业化，提升车辆安全防护能力，支撑车路云融合发展。以监管和服务协同一体化的思路，推进五大基础平台的发展。

第三，抢抓智能化、网联化窗口期，加快关键技术研发与产业生态构建。围绕系统架构技术、通用人工智能、安全技术进行攻关，力求在整车集成、关键零部件、工具链、场景库等核心产品上实现突破。聚焦操作系统生态、跨界融合生态和规模应用产业生态。

第四，推广示范应用，以规模示范加速地区政策、基础设施、商业模式的全方面创新。探索以云控基础平台为枢纽的车路云一体化系统建设，加强区域间协同，支撑车路云一体化智能网联汽车市场化应用。

未来，应该积极探索组织城市级车路云一体化智能网联汽车规模示范。选取重点城市区域、高速公路、封闭区域，以车路云一体化体系架构为指导，推动车、路、网、云协同建设，开展多场景车路云一体化智能网联汽车示范应用，支撑新一代智能交通系统建设。持续开展互联互通测试与示范活动，推动车路云一体化系统从示范应用向大规模商用发展，推动商业模式探索，提升社会接受度。

主讲报告

城市数字化重新发明汽车

主讲人：王坚

关于车，有两个问题值得思考：一是因车运行带来的所有问题，谁能解决？二是如果一辆所谓的智能车不能有效使用道路资源，那么它是不是一辆智能车？

要回答这两个问题，就不能回避一个要素：城市。城市容纳了全球 54% 的总人口，消费了全球 70% 的能源。城市赖以生存的基础是什么？图 6 中的 3 组数据，展现了纽约、上海、伦敦 3 个城市人均消耗的水、电、空间的资源量。

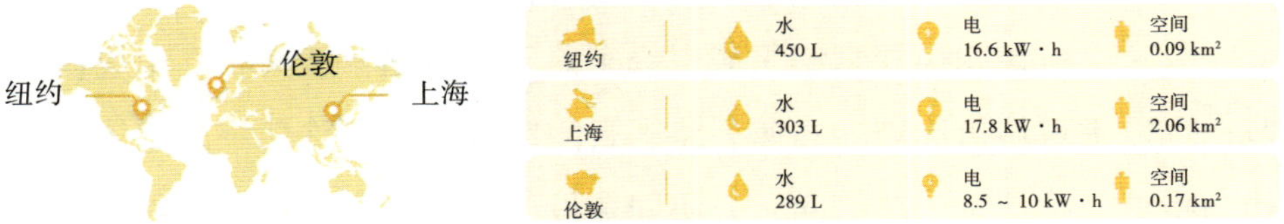

图 6 纽约、上海、伦敦人均消耗资源量

可以看到，上海人均消耗的空间资源，要远远大于纽约和伦敦。一项统计数据显示，上海的道路资源在整个城市土地资源中的占比约为 25% 以上，这个数字很大。再如电力资源，上海人均消耗的电量也超过伦敦与纽约。一个城市的发展被资源所限制，如果不解决好资源利用的问题，任何新技术都难以找到出路。

一、电气化重新发明了 20 世纪的城市

为什么大家觉得新能源汽车先进？或许是因为汽车是最后一个被电气化的行业，也是最难被电气化的行业。

20 世纪，全球有 60% 的人进入城市，其中电气化功不可没。2000 年，美国工程院评选出 20 世纪最伟大的 20 项工程技术成就（图 7），电气化高居榜首，汽车则排在第二位。其余的大部分技术，如果没有电气化的加持都不会发生，这就是电气化技术最特别的地方。

- 1. 电气化
- 2. 汽车
- 3. 飞机
- 4. 供水和排水
- 5. 电子产品
- 6. 无线电与电视
- 7. 农业机械化
- 8. 计算机
- 9. 电话
- 10. 空调/制冷
- 11. 州际高速公路
- 12. 太空飞行
- 13. 因特网
- 14. 成像
- 15. 家用电器
- 16. 健康技术
- 17. 石化技术
- 18. 激光与光纤
- 19. 核技术
- 20. 高性能材料

图 7　美国工程院评选出 20 世纪最伟大 20 项工程技术成就

电气化与发展模式有着很大关联。图 8 所示是从卫星视角拍到的地球照片，电变成了非常重要的标志，从城市的灯光可以判断该城市的发展水平。

图 8　从卫星看地球

图9展现的是全球碳排放量的增长情况。蒸汽机时代，尽管燃烧的主要是煤炭，但碳排放量并不高。1950年，碳排放量开始爬升。而1950年至今对应的正是电气化的时代，科学技术的进步，使得人类使用自然资源的能力大大增加，从而产生了巨大的碳排放量。

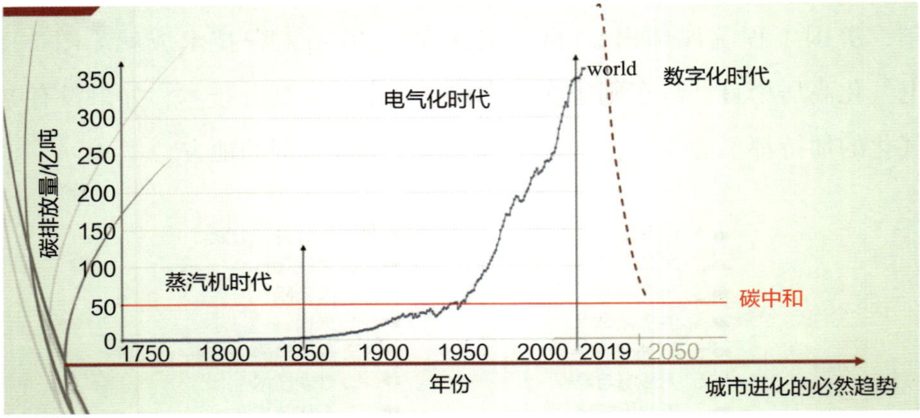

图9　全球碳排放量的增长情况

［来源：用数据看世界（Our World in Data）网站］

对于颠覆性技术，人们会强调一种技术对另一种技术的取代。但从基础设施的角度来说，真正的颠覆性技术是一个新的技术被叠加到了另一个技术之上。从城市发展的角度来看，2000多年前，罗马第一次把道路的基础设施引入人类社会，从而进入了“马力时代”。直到130多年前，爱迪生为纽约，也为世界引入了另一个重要的基础设施——电网，城市的发展通过电网引入电力，从此进入了“电力时代”。今天数字化时代是算力时代，这三个时代是叠加的，不是谁取代谁的问题。

无论从哪个角度来讲，这些技术发展到最后，目的就是把碳排放量降下来。科学技术发展增加了碳排放量，我们需要用更陡的曲线把碳排放量降下来，依靠的就是数字化技术（图9）。过去的科学技术无论怎么发展，原则上都是增加自然资源的消耗，结果就是增加碳排放量。从现在开始，所有科学技术的发明逻辑一定是减少人类对自然资源的消耗，在人类能够享受同样的生活水准，甚至提高生活品质的前提下，同时降低碳排放量。

二、今天的数字化就是 20 世纪的电气化

今天的数字化与 20 世纪的电气化相比，既有相同之处，又有不同特点。如今，全球的交通政策都是依赖机动车保有量这个数据。但是，机动车保有量是卖出去的车，卖出去的车不直接产生交通问题，只有这辆车开到路上才产生交通问题，这是最简单的逻辑。那么，平时交通拥堵的时候路上到底有多少辆车？目前通常用“二八原则”来估算，也就是高峰期 80% 的车在路上，平峰期 20% 的车在路上。

但实际上，如果一个拥有 300 万辆机动车的城市，高峰期大概只有 10% 的车辆，也就是 30 万辆车在路上。这就说明，不是 300 万辆车直接造成的拥堵，而是这 30 万辆车带来的问题。那么，要解决 300 万辆车带来的拥堵问题所需要的资源，与解决 30 万辆的情况完全不是一个数量级。从数据来看，当在途车辆为 25 万辆时，人们通常不会感觉拥堵，然而剩下的几万辆车却会让大家产生堵车的感觉，这正是问题的根源所在。但现在城市设计并不是按照这样的角度来看问题，整个城市的设计是按照多修路来设计的。

其中最有意思的是路口。一个城市或大或小，路口的总数大概都在一定的范围之内，有多少个路口，就有多少个信号灯。那么有信号灯的路口，是不是有效地改善了交通拥堵状况？或者说信号灯是否影响了交通运行？信号灯其实与交通通行效率无关，其核心目的主要是维护路口秩序，通过降低交通效率确保路人的通行安全。由此我们就能明白，只

依靠修路、依靠传统的方法很难解决交通通行效率低下的问题，我们需要重新思考这个问题的解法。

在江西省南昌市，专家对某条道路的拥堵情况分析后发现，这条路上的公交专用道，每天通行的人数仅有数百人。但是，根据城市建设要求应设置公交专用道，结果一条专用道占用了一条道路资源。综合衡量后，管理者把公交专用道挪到了其他地方。后来，以城市大脑建设为契机，南昌市取消了机动车尾号限行措施。今天，所有关于城市建设的规则都是局部制定的，却没有人知道那么多规则叠加在一起，会对城市秩序造成多大影响。

事实上，今天在城市道路上行驶的车辆，车速都远远没有达到这条路的设计时速。那么，从这个角度来看交通拥堵的问题，如果汽车不能跑出设计时速，一定是因为道路上的车辆太多，如果能在入口处控制车辆的驶入量，让车辆进去的速度稍微慢一点，拥堵的时候，设计出口引导车辆早点出去，就能保证整条道路上的车辆跑出设计时速。国外做过一项有趣的实验，说明车辆之所以会影响设计时速，实际上是因为跟车跟得太近。他们将一辆自动驾驶汽车塞到道路上，自动驾驶汽车会保持合理的跟车距离，从而使一辆车的刹车行为不会影响到其他车辆的行驶速度，这其中有很多道理值得我们思考。

20世纪的城市被汽车所塑造，等到迈入智能网联时代，云基础设施架构完毕，城市实现数字化以后，我们的汽车应该是什么样子，它又将对城市资源造成什么影响，这些问题都值得我们重新思考。从某种意义上说，路网可能比灯光更能反映一个国家或城市的发展水平。

就本质而言，城市数字化提升了城市运行的效率，其中汽车是不可忽视的一部分。汽车占用了大量城市资源，如果再算上一个城市的所有加油站，可以想象一下，城市有多少资源是为了支撑汽车的运行。怎么才能让汽车高效利用城市资源？这其中，城市数字化相当关键。纽约是世界上第一个电气化的城市，铺设了全球第一个电网。中国如果能实现智能网联，那么全球第一个完整的数字化城市或许就将诞生在中国。城市与车的关系，将会延续100年，它们是人类了不起的两项发明。

互动环节

问题一："中国多数道路的路况非常复杂，如果发展好智能网联汽车，将具有里程碑式的意义"，您是否认可这一观点？

答：与国外相比，中国的道路交通环境确实非常复杂，人车混行的情况很多，在中国发展智能汽车面临的工况自然更为复杂，这就倒逼我们尽快地进行技术与产品迭代。智能汽车的技术发展，如果仅仅遵循单车智能的发展路线，再好的技术发展到一定程度，或许还是有局限性。我们应该利用中国的复杂道路状况，倒逼发现单车智能不能解决的交通本质问题。按照国际技术的发展趋势及中国产业的特点，我们希望把交通车辆与新一代的移动通信技术结合起来。因此，我们提出了车路云一体化的解决方案，从这个角度来说，可以更好地发现问题，促进产业迭代。

问题二：中国智慧交通目前在国际上处于怎样的水平？

答：从严格的学术和技术定义来说，国际上并没有公认的评判标准。我国智慧交通的水平基本上与美国、日本及欧洲国家处在同一个层面，无法评判谁比谁先进，只能说各自在某些领域具有优势。

我国城市人口密度大，智能汽车与基础设施是一起发展的，这一点与国外不同。国外的情况是先搭建城市的基础设施，再在此基础上搭建智慧交通体系。中国的高速公路网规模位居世界第一，类似联网收费系统等智能化运营网络在全球也遥遥领先。另外，伴随着城市、机动化及移动互联网的发展，我国的城市出行与导航需求远超国外，共享出行的用户量众多。我们是世界工厂，物流快递需求旺盛，货运领域用户量庞大。从这些方面来讲，尽管我国智慧交通的发展还存在诸多问题，但技术为交通赋能的效果有目共睹。

问题三：在矿山、港口等局部环境中，更适合发展单车智能还是车联网？

答：从发展的角度来看，肯定是车路云一体化最好。智慧矿山包含智慧运输，可以根治矿难频发的问题。如果在矿山的基础设施与矿山运载的运载工具中，重构一套能够感知、决策、控制、通行的系统，数据可实时上传至云数据管理平台，那么，这套系统可以实时发现环境隐患，突发紧急事故时，无人运输还可以避免人员伤亡。事实上，目前国际上有一个共识，即在包括矿山、港口等特殊场景中率先推广智能汽车，因为这些区域是固定的，区域中已经搭建了设施，如能实现运载工具的智能化与无人化，对矿山的安全、高效运行大有裨益。如果在矿区发展单车智能，会有一定的局限。因为单车智能利用摄像头辨认道路痕迹，但矿山中没有道路，所以如果基础设施能够提供周边环境信息，与汽车联合起来进行感知、决策、控制，就可以解决单车智能的局限。

问题四：智能无人汽车发生交通事故，该如何界定责任？

答： 未来，随着智能汽车逐渐进入高水平的发展阶段，人机混合驾驶的情况不可避免。如果将来智慧出行城市得以实现，车辆的智能化程度提升，技术发展到一定阶段以后，人与车融为一体的状况是可实现的，比如车路云一体化实现以后，相当于道路上拥有“数字轨道”。我们虽然看不见“数字轨道”，但可以对其进行规划，保证车辆可以“看到”行人与周边环境，从技术的角度来说，这是可以实现的。当然，这一技术的实施，也离不开法律法规的保障以及社会大众的理性认知。智能时代的交通法律法规尚待探讨，我们可以在一定情况下设置一定的条件，通过问题所述的场景，倒逼自动驾驶技术完善，比如自动驾驶汽车见到人之后可以准确判断并停车，类似的情境可以先通过各种实验认证，再制定相应的法律法规，从而确定主要担责方。

问题五：随着智能互联网的发展，我们怎么保障信息与数据安全？

答：自动驾驶网络涉及网络安全和数据治理的问题，一方面是数据被篡改、被监控的问题，另一方面是数据泄露、被攻击的问题，必须要有法律法规来监管。有没有一种技术手段，能够在遵守法律法规的前提下，避免车辆被攻击、数据泄露的问题？对此，清华大学团队目前推出了相应的技术方案。比如在汽车终端和计算机平台，如果感知到的数据不是自动驾驶汽车的数据，就自动将其模糊处理。数据传输时，我们应该建设数据云控基础平台，政府应对该平台加以监管，并对数据进行处理，判定哪些数据属于敏感和保密数据。其中，保密数据归政府监管，不需保密的数据则进行实时交互共享，以实现管理与数据一体化。

中国科技会堂论坛第二十七期

基因编辑：生命魔剪

导读

自从发现基因这个生命代码后，人类一直在努力，希望通过基因编辑的方法控制生物体的生老病死过程。

在医学领域，基因疗法正用于治疗一些罕见遗传病、癌症等疾病，已取得了不错的效果。在农业领域，利用基因编辑技术，可以培育长势更快、抗病能力更强的优良作物。同时，人们也希望通过动物基因编辑育种，提高动物的繁殖能力，提升肉蛋奶的品质。基因编辑已经展现出了强大的应用潜力，同时也带来了一系列伦理争议。

通过“生命魔剪”改写生命密码，其深度和广度前所未有。未来，它将会带来怎样的变化，我们又该如何寻求平衡？

主讲嘉宾

黄荷凤

中国科学院院士，中国医学科学院学部委员，复旦大学生殖与发育研究院院长，复旦大学附属妇产科医院主任医师。

从事妇产科和生殖医学临床和基础研究，主要研究方向为生殖医学和生殖遗传。提出并验证了“配子/胚胎源性疾病”学说，主持创建系统化遗传病防控技术体系和规模化临床平台。

李劲松

中国科学院院士，中国科学院分子细胞科学卓越创新中心（生化与细胞所）研究员。

主要从事干细胞与胚胎发育相关研究。率领团队建立了小鼠孤雄单倍体胚胎干细胞（类精子干细胞），提出并推动基于类精子干细胞技术的基因组标签计划。

互动嘉宾

魏文胜 北京大学生命科学学院教授、基因组编辑研究中心主任，北京大学生物医学前沿创新中心及北大－清华生命科学联合中心研究员。

主要从事基因编辑技术、新型基因治疗及疫苗技术、高通量功能基因组学技术以及癌症、感染等重大疾病的分子机制研究。

王国豫 复旦大学哲学学院教授，中国科协－复旦大学科技伦理与人类未来研究院院长。

主持国家重点研发计划重点专项“精准医疗的伦理政策法规框架研究”，主编《医学伦理学》等。

主讲报告

基因编辑：生命魔剪

主讲人：黄荷凤

一、基因编辑技术发展历史

人体由大约几百万亿个细胞组成，这些细胞分化成不同的功能，如心脏具有心肌细胞，不停地在跳动，维持生命的运转。人体共有 300 种细胞执行着它们各自的功能，而密码都在细胞核里。细胞核中有染色体，染色体上有遗传效应的 DNA 片段，也就是基因，控制蛋白质合成和生物体特征。基因由 4 种碱基组成，分别是腺嘌呤、胸腺嘧啶、鸟嘌呤和胞嘧啶。转录是基因表达的第一步，DNA 序列通过转录成为信使 RNA，再通过翻译转为蛋白质。蛋白质是人体的重要组成成分，也是生命活动的主要承担者。

基因编辑，就是通过人为改变细胞内目标基因 DNA 序列，以实现对特定目的基因片段的“编辑”（包括碱基突变、DNA 片段敲除 / 敲入），从而达到改变宿主细胞的基因型，进而改变 / 破坏基因功能。基因之所以能被切割，要归功于切割酶的发现。基因编辑发展历程如图 1 所示。

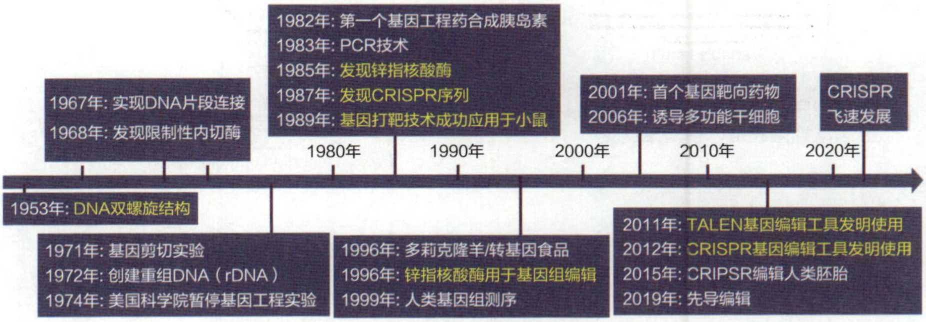

图 1　基因编辑发展历程

基因中心法认为，基因在生物体中起着中心作用，控制着生物体的所有遗传特征。基因通过转录和翻译过程将 DNA 的遗传信息转化为蛋白质，从而实现基因的表达。比如某个基因决定小鼠的毛色是白色的，但通过功能缺失性突变，就能改变其蛋白质功能，从而改变生物相关特征，让小鼠的毛色变成黑色。基因编辑技术也可以做到同样的事情，改变生物的相关性状。

临床上，如镰刀红细胞贫血、先天脊柱侧弯、红绿色盲等遗传相关疾病，都是由于基因突变造成的。基因编辑技术通过将异常基因片段敲除，从而达到纠正基因异常、治愈遗传疾病的效果。

基因编辑有两种方法（图 2）：一种是非同源末端连接修复，不依赖同源序列，强行将两个 DNA 断裂段连接起来，但这种修复方法失误率高，易造成突变；另一种是同源重组修复，也是目前我们一般采用的方法，依赖同源模板实现定向修复。

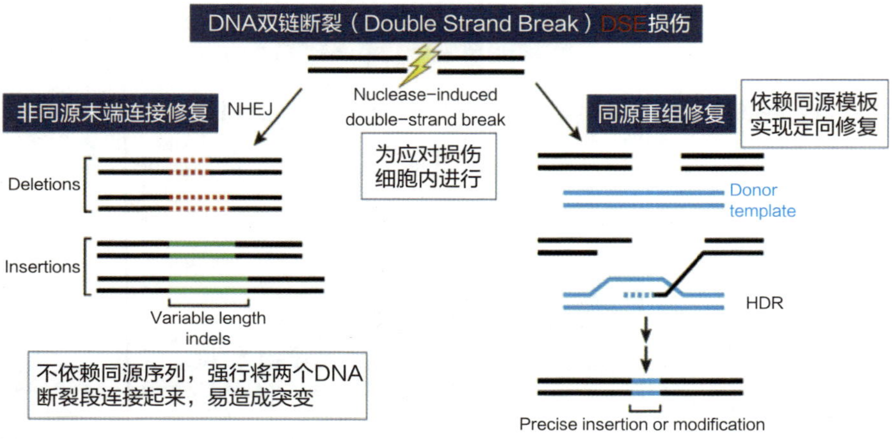

图 2　基因编辑方法

20世纪80年代，奥利弗·史密斯等人首次在哺乳动物细胞中利用同源重组实现了基因修饰。随后该技术应用于小鼠胚胎，获得转基因小鼠。虽然当时的同源重组频率非常低，基因打靶效率也极其低下，但该技术却是现代基因工程的始祖。

随着核酸内切酶的发现与应用，基因编辑技术取得了重大突破。核酸内切酶可以识别并附着特定的DNA序列，以进行切割。人工核酸内切酶主要包括锌指核酸酶（ZFN）、类转录激活因子效应物核酸酶（TALEN）。其中，TALEN相比ZFN，操作更简便，识别位点更广泛，且剪切效率更高。

最晚出现的CRISPR/Cas9基因编辑技术目前已风靡全球，它利用人工设计的sgRNA识别目的基因，引导Cas9蛋白酶有效切割DNA，DNA损伤后修复实现目的基因编辑。图3展现了CRISPR的发展历程。

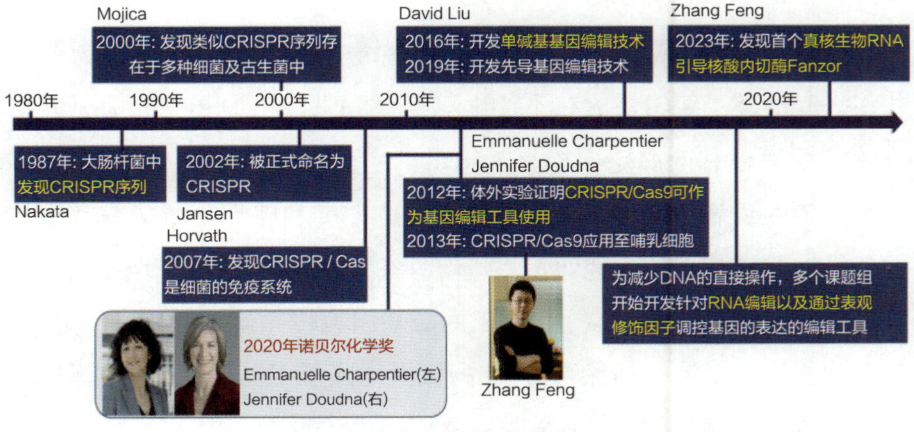

图3　CRISPR的发展历程

对比几种基因编辑技术的优缺点（表1）可以看到，当前，CRISPR/Cas9基因编辑技术相比于其他两种技术，编辑效率更高，载体构建时间更短，成本也更低。

表 1 ZFN、TALEN 和 CRISPR/Cas9 基因编辑技术比较

基因编辑技术	DNA 识别原件	内切酶种类	优点	缺点	载体构建时间	成本
ZFN	ZFP	FokI	靶向效率在 10%~20%，系统建立完善	脱靶效应高，高细胞毒性，设计复杂	数月	高
TALEN	TALE	FokI	靶向效率在 10%~30%，易设计，不受序列影响，脱靶效应低，低细胞毒性	TALE 基序组装复杂，需测序，花费高，不易操作	2 ~ 4 周	较高
CRISPR/Cas9	CrRNA/sgRNA	Cas9	**靶向效率在 50%~80%，易设计及操作，脱靶效应低，低细胞毒性**	Cas9 切割需特定的识别序列	**1 ~ 2 周**	**低**

二、基因编辑技术前沿进展

由于 CRISPR/Cas9 第三代基因编辑技术简便易用，目前国际上基于 CRISPR/Cas 系统的基因编辑成果数量剧增。CRISPR/Cas9 基因编辑技术工具箱包括 DNA 编辑、RNA 编辑、基因转录调控、CRISPR 筛查等。近几年兴起的碱基编辑器能在不产生双链 DNA 断裂（DSB）的情况下，不依赖同源模板和同源定向修复（HDR）途径实现目标位点的精准编辑。人类已知的致病性遗传点突变中，利用胞嘧啶和腺嘌呤碱基编辑技术能实现 60% 的致病遗传突变纠正。然而，碱基编辑器错误剪辑率依然很高。

基因编辑脱靶效应（图 4），是指基因编辑系统对目标靶点以外的基因片段进行修饰。高保真 Cas9 酶极大地降低了基因编辑的脱靶效应。另外，基于机器学习 / 人工智能对 sgRNA 进行优化，从而更好地定位靶向基因。

先导编辑器不产生双链 DNA 断裂，设计能与靶标位点识别配对的先导序列，并有计划地插入碱基序列，可以实现小片段 DNA 的定向插入或缺失。

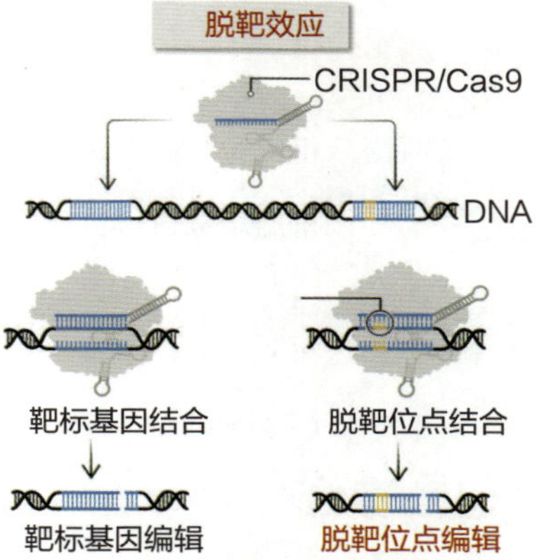

图 4　基因编辑脱靶效应

最近，美国发现了优于 CRISPR 基因编辑工具的 Fanzor 系统。Fanzor 系统使用 RNA 靶向 DNA，能够在基因组的可编程位置插入和删除特定基因。一方面，与 CRISPR 系统相比，Fanzor 在选择性上优于 CRISPR，它能够识别并切割目标 DNA 上的特定序列，而不会对非目标 DNA 或 RNA 产生“附带活性”。这意味着在进行基因编辑时，Fanzor 能够精准地作用于目标基因，而不会对其他基因造成损伤或降解。另一方面，Fanzor 可以在目标 DNA 上产生可逆的插入或删除，而不会造成永久性突变。这意味着如果在基因编辑过程中出现意外或不良反应，可以通过逆 Fanzor 过程来恢复原始的 DNA 状态，从而实现基因的恢复和修正。

基因编辑工具在递送过程中需要通过层层“关卡”，基因编辑工具尺寸过大会导致无法通过血管壁和细胞外基质，如何保证将其递送到正确的靶标细胞中呢？目前大概有 AAV、AdVSEND、LNP 等几种递送系统（表 2）。

表 2　不同递送系统的适用范围对比

递送系统	类别	适用范围
AAV	病毒载体	只能载运不超过 4.7kb 大小的 DNA 分子
AdV	病毒载体	能载运不超过 36kb 大小的 DNA，但容易引起较强的免疫反应

续表

递送系统	类别	适用范围
LNP	人工合成脂质纳米颗粒	相比病毒载体更安全，但是递送效率更低
SEND	病毒样颗粒	相比病毒载体更安全；改造后有潜力靶向不同细胞
eVLP	病毒样颗粒	同上
PVC	细菌胞外收缩注射系统（eCIS）	结合 AlphaFold 改造后的分子能实现高效特异性递送

CRISPR 技术有望为近 8000 种无有效治疗方法、严重威胁生命的人类遗传性病的治疗甚至治愈带来希望。适应证可拓展至常见病，但其临床应用当前仍面临三大主要挑战：一是体内编辑效率低，有靶向序列限制；二是存在潜在脱靶风险，免疫原性；三是不易包装，递送有障碍。目前，第一代底层编辑技术由海外垄断，使用 ZFN、TALEN、CRISPR/Cas9 系统需要支付较高额的专利费用和未来销售分成费用。

三、基因编辑技术与疾病治疗

我国每年约有 20 万新生儿罹患遗传病，其中 22% 由单基因突变引起。常见的遗传病包括出生缺陷、内分泌或代谢疾病、神经系统疾病、血液系统疾病。

基因治疗的快速发展极大地促进了遗传病的治疗和治愈。中国基因治疗临床试验发展脉络如图 5 所示。目前，我国注册的基因治疗临床试验数量位居全球第三。

基因治疗方法主要包括体外基因治疗和体内基因治疗。体外基因治疗，指从患者体内采集的细胞在体外进行基因编辑后，再重新回输至患者体内，如 CAR-T 等细胞疗法。体内基因治疗，指基因编辑过程发生在体内细胞中，可以靶向更多的器官和适应证。借鉴新冠肺炎 mRNA

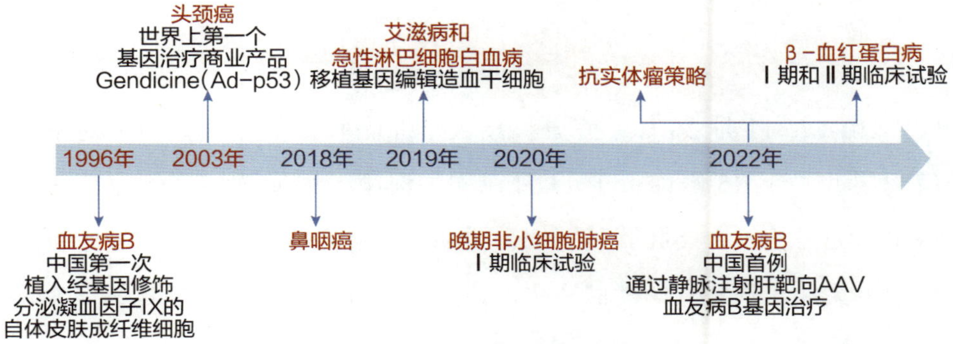

图 5　中国基因治疗临床试验发展脉络

疫苗技术进行体内编辑，如体内基因编辑造血干细胞，治疗遗传性血液病、心血管疾病、癫痫、遗传性神经退行性疾病（如亨廷顿病）、肌营养不良症、动脉粥样硬化等。

基因编辑技术在肿瘤免疫治疗等领域具有良好的前景。比如通过基因工程技术，将 T 细胞激活，并装上定位导航装置肿瘤嵌合抗原受体（CAR），将 T 细胞这个普通“战士”改造成“超级战士”——CAR-T 细胞，它利用其“定位导航装置”CAR，专门识别体内肿瘤细胞，并通过免疫作用释放大量的多种效应因子，这些效应因子能高效地杀灭肿瘤细胞，从而达到治疗恶性肿瘤的目的。这便是 CAR-T 细胞疗法。

目前，CAR-T 细胞疗法治疗血液恶性肿瘤取得了显著成效。2012 年，中国发布了第一项 CAR-T 临床试验。2013 年以来，全球 CAR-T 临床试验数量开始快速增长。2017 年 9 月，中国成为注册 CAR-T 临床试验最多的国家。2021 年 6 月，中国首个 CAR-T 细胞治疗药品奕凯达（治疗淋巴瘤）获批上市。2023 年 3 月，中国首个获批自主研发的 PD-L1 抑制剂阿得贝利单抗（商品名：艾瑞利），打破了进口 PD-L1 抑制剂产品的垄断地位，可有效治疗小细胞肺癌。针对耐药基因治疗的噬菌体基因编辑技术也在发展。另外，CCR5 基因编辑可以抵抗 HIV 感染。

四、基因编辑技术相关伦理与法律

2018年11月26日，南方科技大学原副教授贺建奎宣布一对基因编辑婴儿（CCR5修饰）于11月在中国诞生。因实施国家明令禁止的以生殖为目的的人类胚胎基因编辑活动，当事人构成非法行医罪，被追究刑事责任，判处有期徒刑3年，罚款300万元，终生被禁止从事人类辅助生殖技术服务。

这起基因编辑事件震惊世界。针对生殖细胞的基因编辑，极有可能诱发非常严重的伦理问题。被改写的生殖细胞会影响子孙后代，甚至改变整个人类的基因池。基因编辑技术的推广、基因定制背后带来的社会问题值得审慎深思。当前，对基因编辑而言，关键在于安全性有保障，并得到大众认可，如此才能对人类社会产生推动作用。

当前，包括英国、加拿大及欧盟等在内的全球主要国家和地区，都出台了一系列针对基因编辑的法律法规。这些出自不同地区的法律条款，无一例外地提到，任何基因组修饰的目的不应该是引入可以传递给后代的变化，如英国禁止以生殖为目的在人类胚胎或配子（精子或卵细胞）中使用基因组编辑技术；加拿大规定禁止实施改变人类细胞或体外胚胎的基因组，以及使该改变能够传递给后代的行为；德国禁止实施胚胎融合和基因改良；日本虽然允许科学家使用基因编辑工具对人类的胚胎进行修饰，但严格限于以生殖辅助医疗为目的的基础研究，并且规定研究用的胚胎严禁移植到人体或动物子宫内。

从1975年阿西洛马会议开始至今，各国际组织发布了多份针对人类基因编辑的共识文件。

阿西洛马会议强调基因重组技术要发展，但一定要确保实验安全。生命科学发展到分子阶段，内在地需要伦理规范。

1997 年，联合国教科文组织发布的《世界人类基因组与人权宣言》指出，对人类基因组的研究及由此带来的应用，应充分尊重人的尊严、自由与人权，并且禁止基于遗传特征的一切形式的歧视。“种系”干预可能违背人的尊严。

2005 年，联合国教科文组织发布的《世界生物伦理与人权宣言》指出，“人类尊严与平等、人类和谐及国际合作”是人类基因研究的基本原则。

2015 年，联合国教科文组织发布的《关于人类基因组编辑的反思》指出，在治疗方法的程序安全性和有效性未被充分证明的情况下，暂停生殖系基因组编辑。反对单边开展人类基因组编辑，呼吁建立全球统一标准。

2017 年，美国国家科学院与医学院人类基因编辑研究委员会发布的《人类基因编辑的科学技术、伦理与监管》指出，针对生殖（可遗传）基因编辑，有令人信服的治疗或者预防严重疾病、严重残疾的目标，并在严格的监管体系下使其应用局限于特殊规范内，允许临床研究试验；任何可遗传生殖基因组编辑应该在充分的持续反复评估和公众参与条件下进行。

2021 年，世界卫生组织发布的《人类基因组编辑治理框架》将基因组编辑分解为“出生后体细胞人类基因组编辑”“子宫内体细胞人类基因组编辑”“可遗传的人类基因组编辑”“人类表观遗传编辑”和“增强某些性状的基因编辑”五个领域。在每个领域，委员会都提出假设情形，说明潜在监督机制应如何发挥作用，包括兼顾不同社会的价值观、道德困境和财务现实。

另外，美国国家科学院与医学院在《人类基因编辑的科学技术、伦理与监管》中提出生殖（可遗传）基因编辑的“10 条规范标准”：缺乏其他可行治疗办法；仅限于预防某种严重疾病；仅限于编辑已经被证实会致病或强烈影响疾病的基因；仅限于编辑该基因为人口中普遍存在，而且与平常健康相关、无副作用的状态；具有可信的风险与可能的健康好处的临床前和临床数据；在临床试验期间对受试者具有持续的严格监管；具有全面的、尊重个人自主性的长期多代的随访计划；和病人隐私相符合的最大程度透明度；在公众的广泛参与和建议下，持续和反复核查其健康与社会效益以及风险；可靠的监管机制来防范其治疗重大疾病外的滥用。

表3列出了国际主要机构、团体、组织对在人类种系细胞进行基因编辑的声明和建议。

2020年12月26日，中国《刑法修正案（十一）》正式通过，新增了“非法植入基因编辑、克隆胚胎罪”。2021年1月1日，我国正式实施《民法典》,《民法典》第一千零九条规定:“从事与人体基因、人体胚胎等有关的医学和科研活动，应当遵守法律、行政法规和国家有关规定，不得危害人体健康，不得违背伦理道德，不得损害公共利益。”尽管我国提升了针对基因编辑法律监管的层级，但仍旧缺乏系统性和专门的法律法规。

五、基因检测：生命无“陷”

出生缺陷，是指出生前发生的结构、功能或代谢异常。一类是先天畸形，如神经管缺陷、先天心脏病等，出生时即可发现。另一类是功能、代谢、行为异常，如智力残障、遗传代谢病等，出生后几个月或几年发病才能被诊断，需要特殊的检测手段发现。中国每年有出生缺陷的新生儿达100万。其中1/3为遗传性疾病，包括如白化病、血友病等单个基因突变所致的单基因病，如猫叫综合征、21-三体综合征等染色体数目或结构异常的染色体病、糖尿病、高血压等多基因病。

目前，针对遗传病有三级防控措施。第一为针对孕前的一级预防，从源头控制，避免缺陷儿发生，主要诊断方法为胚胎植入前遗传学诊断。第二为针对孕妇与胎儿的二级预防，目的是孕前早发现、早诊断、早干预，减少缺陷儿出生，主要诊断手段为无创产前筛查与产前诊断检测（胎儿样本）。第三为针对新生儿的三级预防，做到早发现、早诊断、

表 3　国际主要机构、团体、组织对在人类种系细胞进行基因编辑的声明和建议

声明内容	Hinxton Group	人类基因编辑国际峰会	人类基因编辑委员会	ASGCT 和 JSGT	ISSCR	David Baltimore	Lanphier	ACMG	NIH	HFEA
基础研究可以进行	√	√	√	√	√	√				√
临床前研究可以进行		√	√							
部分或全部暂停研究							√		√①	
不同利益相关者应参与决策	√	√	√	√	√	√	√	√		
临床使用不应继续进行	√	√	√	√	√	√	√	√		
只有在安全性和有效性问题得到解决时，才能进行临床应用	√	√	√	√	√	√		√		
只有在社会同意范围内，才能进行临床使用	√	√	√	√	√			√		
只有在适当的监督到位的情况下，才能进行临床使用	√	√	√							
只有在公正和公平问题得到解决时，才能进行临床应用	√			√						
临床使用只有在透明时才能进行			√			√				
全世界不应鼓励临床应用						√				
对该领域科学研究的监管，任何公共政策都应该是灵活的	√									

注：ASGCT，美国基因与细胞治疗学会；JSGT，日本基因治疗学会；ISSCR，国际干细胞研究学会；ACMG，美国医学遗传学学院；NIH，美国国立卫生研究院；HFEA，英国人类授精和胚胎学管理局；Hinxton Group，辛克斯顿研究小组，隶属约翰霍普金斯大学的国际干细胞、伦理和法律联盟；David Baltimore，戴维·巴尔的摩，1975 年诺贝尔生理学或医学奖获得者之一；Lanphier，兰菲尔，美国圣加莫生物科学公司（Sangamo Biosciences）总裁兼首席执行官、美国华盛顿特区再生医学联盟的主席。

① NIH 将不资助任何基因编辑技术在人类胚胎中的使用。

早治疗，避免或减轻致残致畸，主要手段为新生儿筛查，包括遗传代谢筛查、耳聋基因筛查、基因筛查。

2011 年，美国卫生部公共资源库（HHS Public Access）发表的一项研究针对 104 个无关个体、448 种隐性遗传病的 437 个基因进行了基于下一代测序技术（NGS）的筛查。结果表明，所有个体均携带隐性遗传病致病性突变，且人均携带 2.8 个致病性突变。事实上，常染色体隐性遗传疾病的携带者，后代约有 1/4 的概率患病；母亲携带的 X 连锁遗传疾病，其男性后代约有 1/2 的概率患病。2018—2021 年，深圳华大基因股份有限公司联合国内多家医疗机构针对 155 种严重单基因遗传病在 16992 对夫妇中开展孕前扩展性携带者筛查（图 6），其中单阳 3296 例、双阳 103 例、X 连锁隐性疾病阳性 30 例，综合携带率 42.54%。

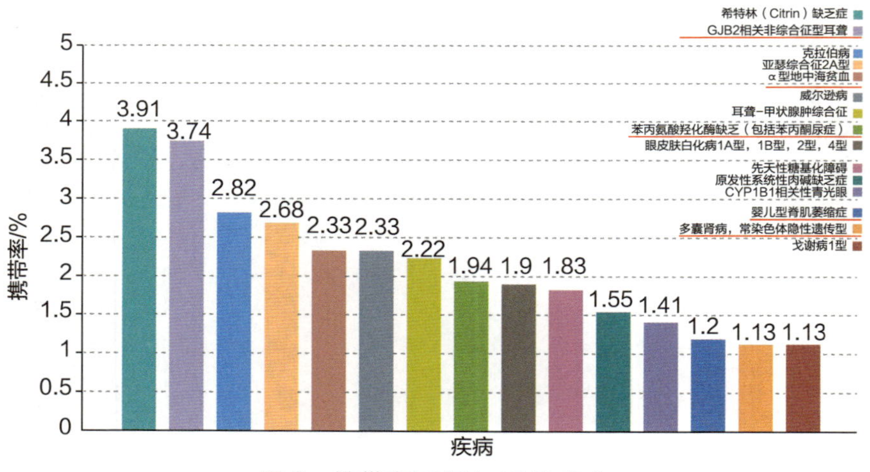

图 6　携带率最高的 15 种疾病

胚胎着床前遗传学诊断技术（PGT）可对胚胎进行基因组序列分析（图 7），进而选择一个不携带该突变基因的胚胎植入子宫，最终达到从源头控制出生缺陷、避免非意愿流产。当前，国内基于新一代测序技术的 PGT 阻断罕见病垂直遗传研究正不断积累经验，并已成功阻断多名罕见遗传病患儿的出生。

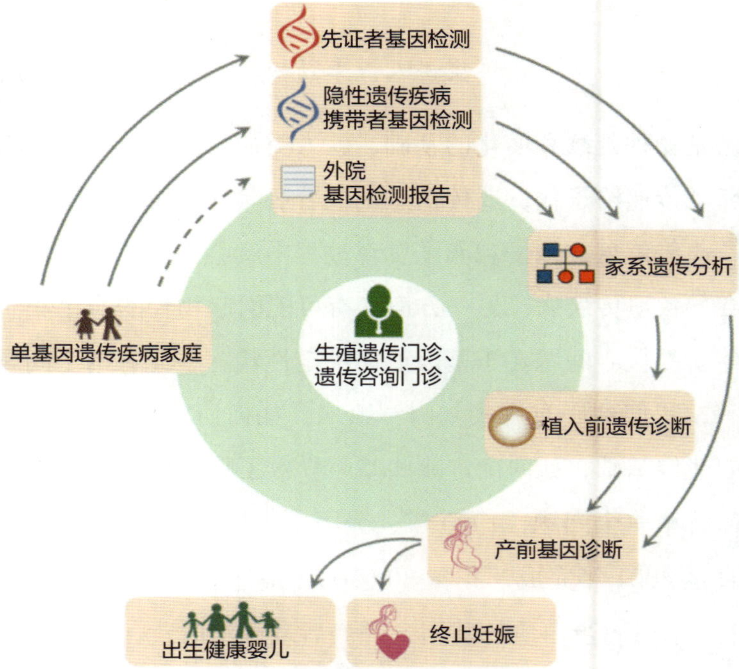

图 7　PGT 临床精准检测体系

总之，针对遗传性疾病的防控，如精子、卵子存在问题，我们可以做携带者筛查，如果筛查结果为阳性，可以做胚胎着床前遗传学检测，帮助夫妇孕育健康的孩子，不需要动用基因编辑技术。如果是怀孕状态，我们可对胎儿进行基因测序，可以进行宫内基因治疗。在此要运用基因编辑技术，如效果不佳，可终止妊娠。新生儿遗传性筛查结果如为阳性，可以使用药物、基因编辑技术、手术等进行治疗。此外，一些功能性疾病也可以利用基因编辑技术来进行治疗，目前基因编辑技术可针对单基因疾病、肿瘤、多基因复杂疾病进行治疗。

主讲报告

生殖干细胞介导的遗传改造

主讲人：李劲松

生殖是物种延续和演化的基础，就人类而言，父母将遗传信息通过精子和卵子传递给子代，遗传信息调控着胚胎的发育，决定着子代的遗传性状；遗传信息在精子和卵子发育过程中又会发生改变，而这些变化一方面会导致遗传疾病，另一方面又有可能引起物种的演化。

遗传学的核心问题在于基因如何决定性状，在此有两个问题需要回答：第一，我们到底有哪些基因？第二，如何研究性状（发育、疾病、演化）的遗传基础，如何确定哪些基因导致了哪些性状？

为回答第一个问题，1990年，美国率先提出启动人类基因组计划，该计划直至2001年完成，花费30亿美元描述了30亿碱基的序列，揭示了2.2万个编码蛋白质的基因，开启后基因组时代。这一计划推动了整个生命科学、医学研究的发展，并且形成了千亿级的基因大产业。人类基因组计划同时也极大促进了DNA测序技术的发展，与1999年的高点相比，2012年DNA测序成本下降近200万倍（图8）。

人类基因组计划同时也促进了生物信息学分析技术发展，因此，近年来人类基因组测序产生大量疾病相关候选基因和位点。这又对我们提出两个关键性的问题：第一，如何确定致病的遗传基础？第二，确定致病基因后，我们如何进行干预？

为明确遗传疾病的成因及其遗传基础，探究干预和治疗疾病方法，需要构建基因编辑动物模型。与之相关的两项关键技术，一是胚胎干细胞介导的同源重组，二是CRISPR/Cas9技术。这两项技术先后斩获了诺贝尔奖。

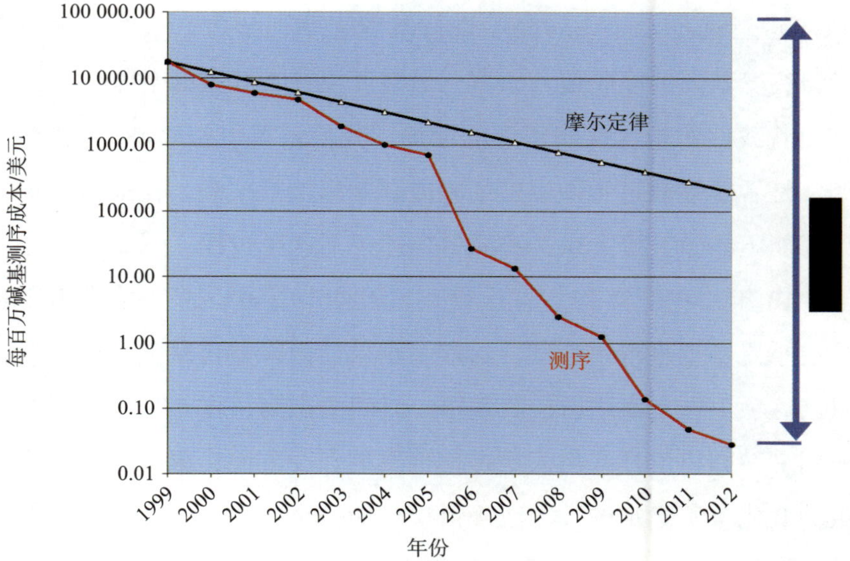

图 8　DNA 测序成本变化趋势

针对遗传疾病的干预，可以采取在体基因治疗的策略：一种是直接在体内进行细胞治疗，通过特定的递送工具，比如神经系统有问题，可直接把 AAV 治疗系统注射到脑腔里；另一种是将有缺陷的细胞取出来在体外进行编辑，修复后再送回体内。尽管这两种治疗策略在 CRISPR/Cas9 技术问世 10 年来得到了很多的应用，但在体基因治疗仍然面临效率、准确性、递送手段、安全性等方面的问题。

对于疾病研究，我们首先需要知道疾病发生的原因是什么，然后要弄清它的遗传基础是什么，最后确定如何治疗它。因此，疾病的模拟是理解疾病和治疗疾病的关键。疾病模拟是先通过 DNA 测序得到可能的致病遗传学信息，再构建小鼠模型，将相关的突变基因置于模式小鼠上，从而验证基因与疾病和表型的关联。获得好的疾病动物模型，就为进一步探讨建立疾病的治疗策略提供了工具。

对于已经确定遗传基础的疾病，为了避免生殖系传递，目前可以结合PGT进行选择干预，对胚胎进行基因组序列分析，从而选择一个不携带该突变基因的胚胎植入子宫，最终产生一个健康的个体。

随着我们对遗传疾病了解的增加，我们还可以探索新的治疗方式，比如，是否能够通过干预生殖细胞或胚胎来治疗疾病，比如贺建奎的实验到底能不能做？接下来，我简单描述一下这个过程。

2013年，我们实验室首次使用CRISPR/Cas9，通过受精卵注射的方式在小鼠身上进行了尝试，治疗了小鼠白内障遗传缺陷，产生健康的小鼠。这项工作完成之后，我们第一时间意识到，将CRISPR/Cas9直接注射到受精卵里治疗人类疾病是不可靠的。一方面，因为注射之后体内产生的变化是不确定的，无法确保疾病能完全治愈，唯有孩子生下来才可验证结果，有种“撞大运”的感觉。另一方面，CRISPR/Cas9会存在一定的脱靶概率，除了在指定位置编辑，还有可能会编辑其他地方，从而产生其他效应，在治愈一种疾病的同时可能又会造成另外一种疾病。因此，基于上述考虑，我们认为，直接在人的受精卵中尝试CRISPR/Cas9治疗或者遗传干预总体上风险是大于收益的。直至如今，我们没有进行进一步的研究，认为这是不可取的行为，科学家应该坚守一定底线。最近，美国一个团队通过CRISPR/Cas9进行了人类早期受精卵遗传改造，他们得出结论，认为直接进行受精卵注射会带来很大的安全隐患，可能会造成纯合突变。该研究进一步提示直接进行受精卵注射干预人类遗传信息是不可取的。

2020年9月3日，国际人类生殖细胞基因编辑临床应用委员会发布了一份长达200多页的《遗传性人类基因组编辑》报告。报告称，在明确能够有效、可靠地进行精确的基因组改变，同时不使人类胚胎发生不希望发生的变化前，已经编辑过的人类胚胎不能应用于妊娠。目前来说，该技术仍不成熟，风险太大，尚未达到人体胚胎基因编辑标准。该报告由美国国家医学科学院、美国国家科学院和英国皇家学会召集的国际人类生殖细胞基因编辑系临床应用委员会编写，以为更广泛的社会决策提供科学考虑。该国际委员会由来自 10 个国家 / 地区的 18 位成员组成，于 2018 年中国香港举办的国际人类基因组编辑峰会后成立。

不过，我们也没有就此止步。我们想到了一种替代方法，就是利用生殖干细胞。男性睾丸中的生殖干细胞叫作精原干细胞，它们可以无限增殖。小鼠的精原干细胞可以在体外进行培养和扩增，一两年后再移回到小鼠体内，仍能产生有功能的精子，这已经是非常成熟的体系。理论上，将来可以培养人类睾丸中的精原干细胞，通过干预精原干细胞上的遗传突变来治疗雄性（父亲）携带的遗传疾病。

干预携带白内障遗传缺陷的雄性个体精原干细胞，再将之注射到小鼠睾丸内能产生健康的精子。这种体外编辑的方式，可以帮助我们提前分析治愈的效果、脱靶情况。这种通过干预精原干细胞进行遗传改造的策略，为治疗父亲携带遗传疾病展示了一种潜在的可能性，并有望治疗男性减数分裂异常导致的无精症。

上述提到的生殖干细胞的研究，我认为它是未来有可能治疗男性遗传疾病的途径。然而，目前的问题是，还不能在体外很好地培养人类的精原干细胞。我们希望能够引导更多的科学家开展类似研究来解决这个问题，从而实现将来在体外培养人精原干细胞，再将其应用于遗传疾病的基因治疗。

事实上，在更多情况下，并非是单个基因突变造成了某种疾病，而是由多种基因杂合突变导致的。例如，有一位身患视网膜色素沉着症的女性患者，DNA 测序分析显示，她父亲携带 A 基因杂合突变，母亲携带 B 基因杂合突变。遗传信息传给女儿的时候，女儿因为同时携带 AB

基因杂合突变就发病了。其实每个人都携带了多种基因杂合突变。如果夫妻双方加起来，这种杂合突变的排列组合非常多，但哪一种才是真正的致病组合，需要将各种突变组合分别放到模式动物中去，如果某种特定组合恰好造成某种疾病发生，那说明该组合是致病组合。疾病模拟的关键是通过构建模型确定致病组合，同时好的模型又能为进一步治疗该疾病奠定重要的基础。

如何快速确定致病的突变组合呢？如果利用传统方法，难度太高。早期各国科研人员致力于开发利用精子作为介质来制备转基因动物的技术方法。通过将精子与外源 DNA 进行孵育，再体外受精，最后胚胎移植可以获得转基因动物。该方法虽然简便快速，但是可重复性差。此外，由于精子遗传物质十分凝集，且不能在体外扩增，因此无法用于基因打靶等复杂的基因修饰。后来科学家发现可以利用胚胎干细胞囊胚注射等方法来实现遗传改造，但该技术的瓶颈在于编辑过的细胞不一定能高效嵌合在小鼠睾丸里面变成精子从而形成遗传改造的模型。

我们在想有没有一种新的技术，就是一个胚胎干细胞还可以发挥精子的作用，这样一来，构建杂合突变组合模型将变得更容易。为此，我们建立了类精子干细胞介导半克隆技术。精子是高度特化的细胞，从精原干细胞到最终产生精子涉及很多生理过程，目前没办法直接对精子细胞进行遗传改造。因此，我们做的工作是将精子变成胚胎干细胞。也就是通过精子的克隆建立只携带精子遗传物质的单倍体胚胎干细胞，这个单倍体的细胞可培养、可编辑，还可当作精子使用，编辑之后的细胞直接显微受精即可产生动物模型，这是 2012 年我们建立的一套技术体系，称为类精子干细胞介导的半克隆技术。2015 年，我们又对其进行了优化，并利用该技术体系进行了很多复杂遗传改造小鼠模型的研究，甚至实现了染色体尺度的改造，证明该技术体系的可靠性。

首先我们利用这一技术体系进行了很多复杂疾病的模拟。比如，苗勒管发育异常是由于多个基因突变致病。我们在类精子干细胞中做了组合编辑，通过显微受精一步产生小鼠模型，其中一个组合出现了疾病，证明这个组合是造成疾病的关键。强直性肌营养不良的遗传致病原因很清楚，但其表型却相当复杂，一直以来缺乏较好的小鼠模型来研究如此复杂表型背后的分子机制，我们通过类精子干细胞敲除了四个相关基因，通过显微受精一步获得四基因杂合敲除小鼠模型，模拟了该疾病绝大多数的表型，用构建模型的方式证明：因为患者同时出现多基因剂量下调，才导致这一疾病出现这么复杂的表型。

另外，我们现在通过结合类精子干细胞介导的半克隆技术与 CRISPR/Cas9 遗传筛选技术的方案实现了小鼠个体水平的遗传筛选，从而主动快速确定致病的基因和位点，筛选出导致表型的基因或者导致表型突变的位点，为疾病基因诊断提供实验数据支持。

人类基因组计划完成以后，我们进入了后基因组时代。然而，由于生物大分子的功能缺乏标准化的研究体系，致使后基因组时代基因功能研究进展非常缓慢。蛋白质缺乏标准化的研究体系，会造成怎样的后果呢？截至目前，50% 蛋白质从未被研究，大量已知蛋白质的在体功能缺乏研究手段，并且由抗体和细胞等实验材料造成的实验结果可重复性不高，生命科学研究面临实验可重复性的危机。因此，亟须构建标准化研究体系。

那么该如何破局？科学界采用的是建立基因组标签的方式，即给每一个蛋白打上标签，利用标签抗体研究所有蛋白质。21 世纪，科学界已完成酵母全基因组测序，系统性标签文库构建技术于 2010 年后逐步发展成熟。2017 年，中国科研团队提出利用类精子干细胞介导半克隆技术，在小鼠中给所有蛋白质打上同样的标签，以建立标准化的蛋白质研究的体系，称之为基因组标签计划（genome tagging project，GTP）。目前，GTP 标签细胞有 2062 个品系，标签小鼠有 411 个品系。标签小鼠为生命科学研究带来完全不同的视角，科研人员能够用一个标签抗体描绘所有 2 万多个蛋白质从受精开始全生命周期发育、衰老的规律；也可以通过疾病标签小鼠模型，观察发病过程中相关蛋白质的变化。GTP 预研项目的顺利完成极大降低了构建精准蛋白质图谱难度，同时为进一步大规模实施奠定了基础。

疾病、发育、演化都是生命科学的重要研究对象。而今，半克隆技术遇上 CRISPR/Cas9 技术，将助力功能基因组研究破局。染色体结构和数目的改变一方面可能导致物种的演化，另一方面与癌症、癫痫、智力发育迟缓、白血病等多种疾病的发生密切相关。过去，缺乏有效的手段在模式生物体系中改造染色体去模拟染色体演化与疾病，如今利用类精子干细胞结合染色体改造技术，构建的染色体改造小鼠模型为研究染色体结构和数目变异及所产生表型提供了可行路径，为探讨染色体结构和数目改变对细胞命运改变的影响，以及染色体演化和疾病研究奠定了基础。

借助自主知识产权小鼠模型，中国有望能够突破实验动物“卡脖子”的困境，还有望打造全球独一无二的模式生物研发中心。我们要一手紧抓围绕基因标签模型的重大原创性成果，一手推动重大战略性技术与产品，双螺旋式协同促进发展，打造科学研究和产业发展的共性支撑。基于此，中国可启动国际大科学计划，通过国际合作的方式推动精准蛋白质图谱研究。

互动环节

问题一：目前人类已知的基因编码有多少？

答：人类基因组大约由2.2万个基因组成，完整人类基因组中约有30亿个碱基对。问题大部分出在编码基因上，我们称之为蛋白编码基因。除此之外，还有大量非编码RNA、调控基因及未知成分。从构成比例来看，仅有不到2%的基因序列属于蛋白编码基因，长期以来我们认为它是主要的生理功能执行者，但现在我们的认知不止于此。我们发现，当下许多疾病的成因其实是极其复杂的。

问题二：如果基因编辑应用在人类身上，未来人类会不会因此变得越来越强，并由此造成新的公平及伦理问题？

观点一：人类能不能够通过基因编辑变得更好更强，这在某种程度上是个哲学问题。如在产前诊断中剔除确定的突变基因，从而避免造成一些出生缺陷，这样的基因编辑不存在太大的伦理问题，它更多的是关涉技术能不能精准排除致病基因。但如果利用基因编辑技术主动干预生命，试图主动获得或避免某些特性，这就产生一个问题。比如贺建奎基因编辑婴儿事件之所以会引发轩然大波，在于其背后的重大伦理问题，而非删除CCR5基因的问题。如何在删除CCR5基因的同时，确保这项技术不会对其他基因造成影响，这其实是难以确定的。另外，我们有没有权利去影响一个基因，尽管有些人群可以在携带 CCR5 基因的情况下生活，但是否有可能缺失 CCR5 基因会造成其他的基因突变，这里存在很多可能性。例如，大家都知道地中海贫血是不好的，但为什么在人群中，特别是在亚热带地区生活的人们一直保留着这个基因？这是因为这种所谓“坏”的性状对于对抗疟疾有利。地中海贫血患者携氧能力差，同时其携带疟原虫的能力也差，因此，患者反而获得了这样一个所谓的“好处”。所以，基因是非常复杂的，好与坏是哲学问题，不可能给出一个明确的答案。基因增强也是如此，它涉及的伦理争议目前是最大的。

观点二：基因增强能不能让人类变得更好？这确实是哲学问题，但同时，它也是一个科学问题。人类梦想着能够自由地对基因进行编辑，比如让自己更长寿，让自己变得更高、更美，但从目前的基因编辑技术水平来看，我们无法保证在编辑某个基因的同时，不会对其他基因带来改变。如果大家都能随意进行基因编辑，必将会带来一种非常混乱的局面，这意味着一种失序，而自然界本身是有序的。

从哲学角度来看，基因增强涉及的不是能不能的问题，而是应该不应该的问题。我们来反思一个问题，人与动物的区别是什么？德国哲学家哈贝马斯在《人性的未来》一书中提到“物种伦理”的概念。他强调，人具有一种不可处置性，尽管很多人认为他的这一说法源自宗教传统，即人类是上帝创造的，所以人类不能够自己改造自己。但我认为此处的“上帝”只是一种隐喻，说明了人具有某种神圣性。事实上，在中国传统文化中，类似“身体发肤，受之父母”的说法同样代表了这种神圣性。父母创造了我们的肉身，我们不能随意改变，当然，这种观点现在大家都不能够接受了。但人类本身作为一个物种，与其他物种有一定的边界，一旦超出这个边界，人就不能称之为人了。其中一个最重要的边界，是从古希腊开始哲学思想中都强调的，就是生长和制造。如桌子都是工匠制造出来的，它的动力来自外部，但生命本身是自生长的，有其自然的生长发育、凋谢死亡过程，如果强行改变这个秩序，让生命只有生没有死，对人类来说是一种灾难。

任何技术都会带来不平等的问题，但同时，任何技术也都会带来平等，平等与否是由政策调控的。利用基因检测避免出生缺陷，能够促进社会公平，使得家庭能够免受灾难。然而，如果利用基因编辑技术让有钱人变得更聪明，至少目前的技术水平还不容易办到，就算他能因此变得更聪明，但也许他也会因此遭受其他疾病的折磨，这种假设是永远存在的。我认为，制度是最重要的，制度能够改变人。

中国科技会堂论坛第二十八期

高端芯片与集成电路

导读

芯片自诞生以来，遵循摩尔定律，晶体管集成数量呈指数级增长。然而，随着芯片工艺不断演进，晶体管的尺寸日益趋近于其物理极限，缩小晶体管的尺寸变得更加困难，摩尔定律发展陷入瓶颈，集成电路技术和产业发展进入后摩尔时代。

与此同时，“技术先于市场”的确定性演进被“市场定义技术”的“N分天下”式创新模式所替代，应用牵引成为技术创新的重要驱动力，将成为我国发展后摩尔时代集成电路的重要市场机遇。

未来，集成电路的技术和产业将会怎样变革？我国的集成电路产业应当如何应对挑战，打赢这场史无前例的攻坚战？

主讲嘉宾

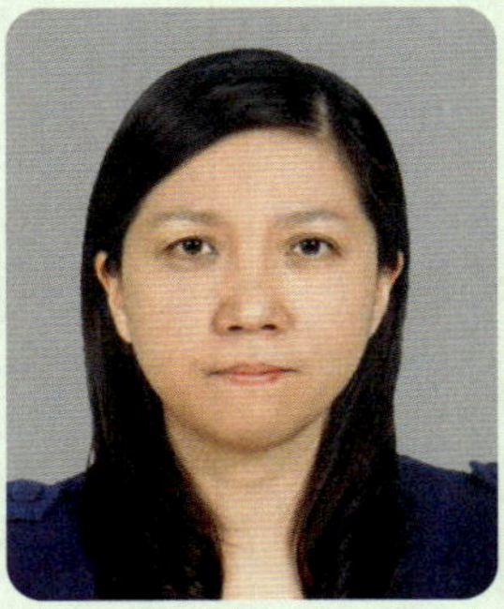

黄　如

中国科学院院士，东南大学校长、党委副书记。电气电子工程师学会学士（IEEE Fellow），发展中国家科学院院士。长期致力于集成电路科学与工程的教学和研究工作，在新型低功耗逻辑与存储器件、神经形态器件及类脑计算、边缘智能计算芯片、可靠性及 EDA 等共性技术方面取得系统性创新成果。曾获国家技术发明奖二等奖、国家科技进步奖二等奖等。

吴汉明

中国工程院院士，浙江大学微纳电子学院院长，中芯国际集成电路制造有限公司独立董事。长期致力于我国集成电路芯片产业发展研究工作，主持、参加了 0.13 微米至 14 纳米七代芯片大生产工艺技术研发，攻克刻蚀等一系列关键工艺难点。作为主要负责人 3 次获国家科技进步奖二等奖。

互动嘉宾

陈南翔　长江存储科技有限责任公司董事长、代理 CEO。兼任中国半导体行业协会轮值主席、国家集成电路产业投资基金咨询委员会委员、国家科技重大专项责任专家、中国集成电路创新联盟副理事长等。从事集成电路领域研究 40 多年。

王志敏　华为海思产业生态首席专家。具有 20 多年集成电路领域实际工作经验，先后从事设计开发、产品工程、产品规划、技术规划及管理、产学研协作以及标准、专利、产业生态战略等研究工作。

卜伟海　北方集成电路技术创新中心有限公司技术开发副总经理。长期从事集成电路先进逻辑器件与工艺研发，曾作为国内领先集成电路制造企业的先导技术研发团队骨干和负责人，完成 20/14/7 纳米等多个节点工艺技术先导研究。

主讲报告

后摩尔时代集成电路产业的挑战与应对

主讲人：黄如

芯片的战略性、支撑性和市场性使其在当今科技生态中不可替代，呈现出强辐射渗透性，是我国高水平科技自立自强的核心关键。芯片的战略性，体现为其对国家安全（含国防、军工、航天等）及战略竞争力的支撑作用。芯片在无人机、雷达、智能弹药、可信通信等领域均扮演着重要角色，需要依靠举国体制来发展。芯片的支撑性，指芯片是科技生产力的硬件基础，为 AI、机器人、新能源、云计算等技术提供支撑。集成电路与 GDP 呈现强相关性，1 美元的集成电路产值可支撑 186 美元的 GDP。芯片的市场性，指应用市场多样化是芯片产业的牵引力，信息与通信技术、汽车电子、虚拟现实（VR）/ 增强现实（AR）、元宇宙等产业在蓬勃发展的同时，反过来也在牵引芯片技术的发展。

据统计，自 1940 年以来，芯片技术发展使全社会的工作岗位增加了 60%。近 20 年来，我国先后出台了多项重要政策，各部委联合发力支持集成电路技术和产业发展，国内技术创新和产业环境持续优化。

2000 年，国务院印发《鼓励软件产业和集成电路产业发展的若干政策》（国发〔2000〕18 号）。2001 年国务院办公厅发布《关于进一步完善软件产业和集成电路产业发展有关政策问题的复函》（国办函〔2001〕51 号）。2014 年，国务院印发《国家集成电路产业发展推进纲要》，设立国家产业投资基金，支持设立地方性集成电路产业投资基金。2020 年，国务院印发《新时期促进集成电路产业和软件产业高质量发展的若干政策》（国发〔2020〕8 号），提升供应链韧性。

在创新方面，科技部曾组织实施“国家高技术研究发展计划（863计划）”（1986年启动）和“国家重点基础研究发展计划（973计划）”（1997年启动），两者于2016年整合并入“国家重点研发计划”；国家自然科学基金委员会发布后摩尔时代新器件基础研究重大研究计划。在教育方面，国家推动设立了集成电路一级学科、国家集成电路产教融合创新平台、国家示范性微电子学院。在金融与财税方面，股权投资基金、科创板、税收优惠政策等方面的一系列“组合拳”举措，使得国内集成电路技术创新和产业环境持续优化。

一、后摩尔时代芯片核心问题

在半导体衬底上，用尽量小的面积构建尽量多的器件及其连接是芯片技术与产业的核心内容，其基本思路是“一大一小”——基础是器件，尺寸越小越好；核心是集成，规模越大越好。其中“集成度”是芯片技术赋能的重要前提。当前的产业水平，可实现芯片集成密度2.5亿晶体管/mm^2（台积电3纳米节点）、800亿晶体管（英伟达H100）；晶圆集成2.6万亿晶体管（WSE-2）。

芯片产业链条长，涵盖设计、制造、封测以及EDA软件、设备、材料等环节。芯片制造和封测涉及上千种细分技术领域，约14种工业大类，使用上百种设备，经过几千道工序，所使用的原材料涵盖元素周期表一半以上的元素。芯片产业的商业模式分为3类：第一类是设计、制造、封装三业分离模式，如高通公司属于设计公司，台积电、中芯国际是芯片制造公司；第二类是垂直整合制造模式（IDM）（图1），既能够自行设计也能够自行生产的芯片厂商的商业模式，如三星、英特尔和中国的长江存储公司；第三类是虚拟垂直整合制造模式（Virtual IDM），采用该模式的企业不仅专注于集成电路设计环节，而且拥有自己的工艺平台，可要求晶圆厂商配合其导入特有的制造工艺和专有设备，但产线本身不属于设计厂商。

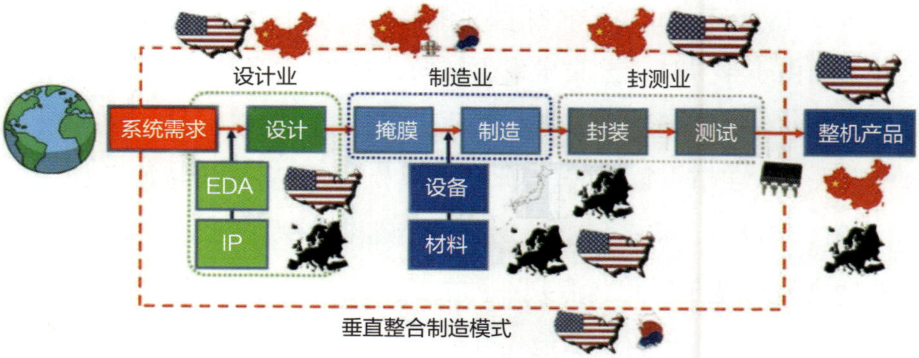

图 1　集成电路产业生态

集成电路是典型的全球产业分工精细行业。2022 年 4 月，美国政府提议与韩国、日本、中国台湾建立“芯片四方联盟（CHIP4）”，试图将中国大陆排除在全球半导体供应链联盟之外。在当前的态势下，中国需要再构全球化。

集成电路产业中最难的部分当属芯片制造。芯片制造具有高难度、高复杂度的技术特征，具体表现在四方面：第一，芯片设计制造极其复杂，高度依赖 EDA 工具与自动化设备，涉及百亿个晶体管，互联长度长达数十千米，制造工艺步骤超过 1000 个；第二，从纳米级到原子级的高精密度，极紫外（EUV）光刻机反射镜的表面粗糙度为 10 皮米，套刻需要达到 2 纳米精度，相当于在地面手持手电筒精准照射到地球同步轨道卫星的精度；第三，低缺陷率，109 个原子中只能存在 1 个缺陷；第四，材料众多，覆盖了元素周期表 50% 以上的元素。

在集成电路领域，特征尺寸是衡量工艺水平的技术指标。按照摩尔定律的发展规律，集成电路芯片的集成度每 18 ~ 24 个月翻一番，即工艺节点以 $1/\sqrt{2}$ 的系数逐步缩减，工艺节点越小，制造工艺越先进。在 90 纳米技术节点之前，工艺节点通常以晶体管的半节距（half-pitch）或栅极长度（gate length）等特征尺寸来表示，即半导体器件的最小物理尺寸。而由于半导体工艺技术发生转向，自22纳米技术节点之后，半导体器件的最小物理尺寸不再适合用于描述工艺技术（晶体管的最小物理栅极长度大于节点数字），因此，技术节点不再等同于特征尺寸。

2011年以后，特征尺寸等比例缩小逐渐放缓，集成电路技术和产业发展进入后摩尔时代，表现在两方面：第一，集成电路的尺寸、性能、功耗、成本等不再统一地提升或缩减；第二，为了解决功耗问题，器件结构从平面器件向三维的鳍式场效应晶体管（FinFET）器件转变，进入新器件时代。物理、技术等多方面面临挑战，集成电路技术和产业进入历史转折点（图2）。

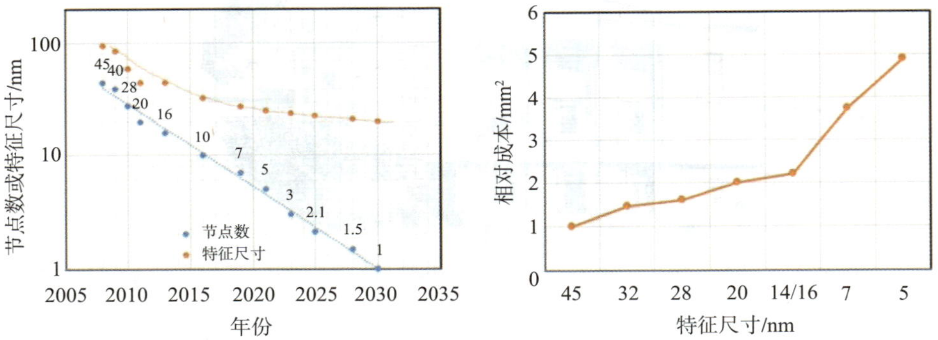

图2 集成电路技术和产业进入历史转折点

后摩尔时代具备两个特征。

第一，功耗问题是后摩尔时代的关键挑战。随着数据的指数增长和相应的算力需求增长，云端和边缘端的能量消耗呈爆炸式指数增长态势。随着芯片集成度的提升和信息技术的发展，预计到2030年，数据量将达到612ZB，是2020年的13倍，对能耗的需求指数上升。同时，“双碳”战略更是对芯片技术提出了更为严苛的低功耗要求。“有限能耗”成为发展和评估芯片技术的重要前提，严苛的功耗挑战是发展后摩尔时代集成电路的重要技术机遇。

以 AI 为例，AI 的发展给人类带来了诸多便利，但同时也带来了碳排放问题。训练 GPT-3 模型所产生的碳排放量相当于 3 ~ 4 辆车全生命周期的碳排放量。因此，全国的算力基础设施必须进行统筹部署。

第二，应用牵引是后摩尔时代的创新驱动力。芯片产业的发展趋势从以个人计算为中心的通用化走向以数据为中心的计算多样化。“技术先于市场”的确定性演进被“市场定义技术”的“N 分天下”式创新模式所替代。应用牵引成为技术创新的重要驱动力，将是我国发展后摩尔时代集成电路的重要市场机遇。

在后摩尔时代，集成电路技术与产业的发展由功耗约束和应用牵引双轮驱动，亟待通过基础研究、应用基础研究和市场创新，协同解决突破功耗约束的技术瓶颈和扩大产业价值的核心需求。

二、我国芯片产业的现状与挑战

在集成电路的全球市场中，中国占据全球 1/3。亚太地区中，中国市场贡献将近 50%。自 2019 年开始，中国市场的全球占比保持在 30% 左右。为了满足市场需求，中国集成电路进口额逐年增长（图 3），2022 年达到 4156 亿美元，高于石油总进口额（3655 亿美元）。相比 2021 年，中国集成电路进口额有所下降，其中国产化替代进程起到了积极作用。

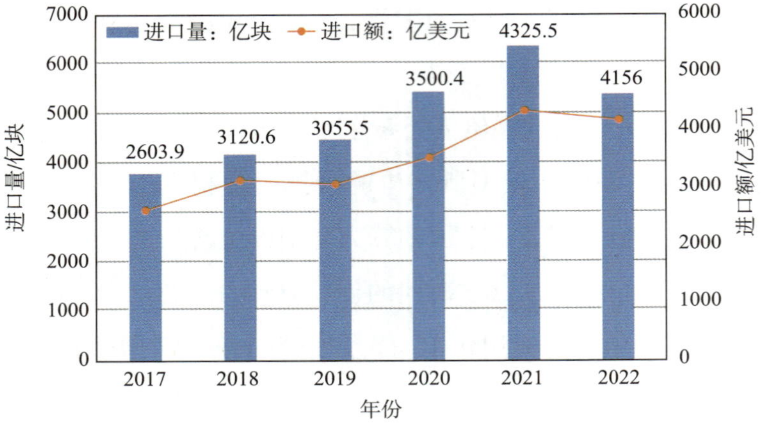

图3 2017—2022年中国集成电路进口情况统计

与主导性市场地位不同，中国（包括中国台湾地区）提供了15%的集成电路产值，美国提供了全球将近50%的集成电路产值（表1）。

表1 2021—2022年全球前10大半导体企业（按产品销售口径统计）

排名	公司名称	国家/地区	2021年产值/亿美元	2022年产值/亿美元	增长率/%
1	三星电子	韩国	732	656	–10.4
2	英特尔	美国	725	584	–19.4
3	SK海力士	韩国	372	362	–2.7
4	高通	美国	271	347	28.0
5	美光	美国	286	276	–3.5
6	博通	美国	188	238	26.6
7	AMD	美国	163	233	42.9
8	德州仪器	美国	173	188	8.7
9	联发科	中国台湾	176	182	3.4
10	苹果	美国	146	176	20.4
总计			3232	3242	0.31

数据来源：高德纳咨询公司。

在制造方面，我国制造业竞争力稳步增长。过去 10 年，中国集成电路制造业市场规模保持 20% 以上的增长率，有 3 家企业（中芯国际、华虹集团、晶合集成）的营收排名进入全球前 10。我国集成电路代工产业进入第二梯队，具备了一定的竞争实力。

我国存储器制造技术能力接近国际水平。NAND 闪存存储制造技术能力（232 层）进入国际第一梯队，处于国际并跑位置。动态随机存取存储器（DRAM）存储起步较快，短时间内实现从无到有，正在缩小与国际先进水平的差距（落后国际最先进水平 1 ~ 2 代）。

在设备方面，当前国产化设备稳步推进。中国半导体设备市场高速增长，中国半导体设备企业的全球市场占有率从几乎为 0，增长到 2021 年的 6%。在国产化设备替代方面，特别是在 28 纳米及以上节点的验证方面进展较为顺利。目前的主要卡点仍然在于高端光刻机和先进节点的部分精度要求较高的设备。

在材料方面，我国材料布局完善，高端产品仍需攻关。我国集成电路材料已实现全品类覆盖，但高端材料国产化率不足仍是瓶颈。材料的国产化进程正处于紧锣密鼓的验证阶段，部分节点以及部分材料验证已经达到预期水准，主要卡点仍然在高端光刻胶领域（图 4）。

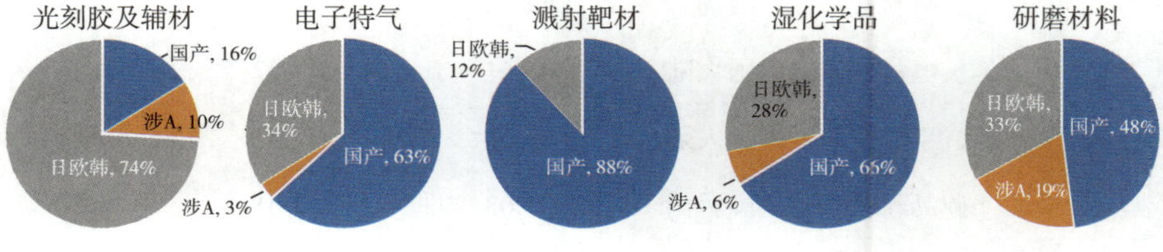

图 4　我国材料国产化进展

在 EDA 产业方面，我国 EDA 产业规划清晰，市场规模近两年增速明显。2023 年中国 EDA 市场规模占据全球市场的 10% 左右。如今，新型举国体制初具成效，集成电路设计自动化产教融合联盟与国家集成电路设计自动化技术创新中心正在多向发力。目前全国产EDA流程已经打通，广泛支持先进节点尚有问题。从长期来看，EDA国产自主发展的问题可以得到解决。

在设计方面，我国设计业规模高速增长，具备一定竞争力。芯片设计能力是中国芯片产业的优势环节，海思芯片展现出国际先进的设计能力。过去10年，中国集成电路设计业市场份额总体上保持20%左右的增长率，高于全球整体的增长率。除CPU、现场可编程逻辑门阵列（FPGA）、DRAM、微处理器（MPU）、NAND等高端芯片之外，其他类型产品具备一定国际市场竞争力。

在封测方面，我国封测水平和市场竞争力较强。我国封测业在全球市场竞争力最强，有私营企业进入前10强。在AI芯片需求的推动下，以布局芯粒（Chiplet）技术为代表的先进封测技术将可能提升我国封测业的产业链地位。表2为2021—2022年全球前10大独立封测企业营收排名。

表2　2021—2022年全球前10大独立封测企业营收排名

排名	公司名称	国家/地区	2021年营收额/亿美元	2022年营收额/亿美元	占比/%
1	日月光	中国台湾	115.62	122.8	23.00
2	安靠科技	美国	61.38	70.92	13.30
3	长电科技	中国大陆	46.61	49.77	9.30
4	太极半导体	中国大陆	37.66	47.07	8.80
5	矽品科技	中国台湾	37.03	43.01	8.10
6	通富微电	中国大陆	24.52	30.93	5.80
7	力成科技	中国台湾	29.92	28.26	5.30
8	华天科技	中国大陆	18.48	17.62	3.30
9	三星电机	韩国	15.35	16.21	3.00

续表

排名	公司名称	国家 / 地区	2021 年营收额 / 亿美元	2022 年营收额 / 亿美元	占比 /%
10	京元电子	中国台湾	12.05	12.37	2.30

数据来源：高德纳咨询公司。

总之，目前我国集成电路的产业态势呈现以下几个特征。

第一，我国集成电路产业近年来发展进步明显，生态拼图不断完善，技术追赶基本达到现有基础的上限。尤其是上下游正在形成合力，制造与设计正在协同发展。

第二，我国在市场需求和靠近市场一侧的设计和封测方面竞争力最强，但高端芯片受工艺限制的问题较为突出。

第三，我国制造水平进步显著，在制造业方面具备了一定的竞争实力。目前制造能力可解决基本需求，在特定条件下，部分高端制造的需求也可以得到满足。

第四，材料和 EDA 方面问题从长期来看可以得到逐步解决，新型举国体制发展 EDA 技术已经初具成效。材料的国产化进程正处于紧锣密鼓的验证阶段，部分节点以及部分材料验证已经达到预期水准，主要卡点在高端光刻胶领域。

第五，最关键的短板仍然在装备和零部件方面。国产化验证和替代难题仍需破解，高端光刻机和零部件问题必须加以解决。

中美芯片领域的竞争，本质上是对代表先进生产力的集成电路产业链控制权的争夺。将中美两国在集成电路产业链上的关键环节水平进行单纯对比可发现，中美两国均存在一定的短板和长板，难以形成单方面的压倒性优势（图 5）。然而，在《瓦森纳协定》的框架下，中美之间的竞争天平则将严重向美方倾斜。不过，我国在市场和设计水平等方面仍然具备做大做强的潜力。

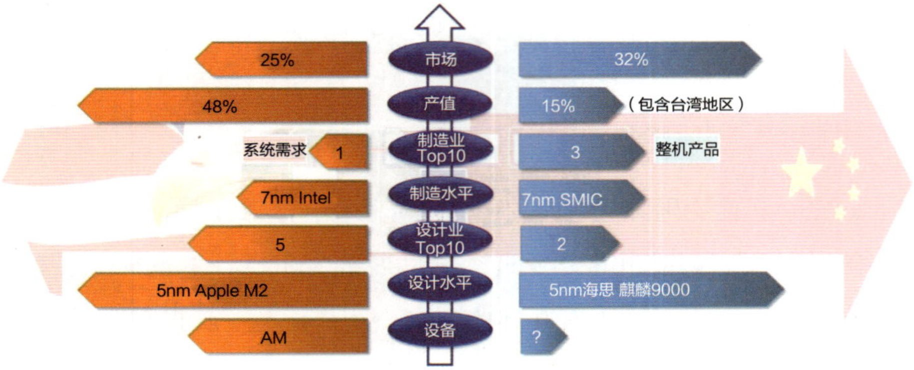

图 5　中美两国在集成电路产业链上的关键环节水平对比

三、芯片技术现状与未来趋势

后摩尔时代，集成电路技术发展的传统微缩路线进入重要的历史转折点。针对功耗约束和应用牵引的双轮驱动，我国集成电路产业呈现出三大显著变化：第一，关注焦点发生转移，从性能驱动为主转向性能 - 功耗比驱动为主；第二，微缩方式与集成目标发生变化，平面微缩与单芯片集成为主转向三维等效微缩与功能化系统集成为主；第三，技术迭代方式发生变化，共性技术分层优化为主转向系统、设计、工艺协同优化为主。

围绕后摩尔时代的技术瓶颈，材料、器件、工艺、EDA、架构创新共同构成了从物理底层到系统顶层的创新矩阵（图 6）。

在低功耗器件及集成电路技术领域，北京大学持续深耕多年，围绕不同应用场景的系统要求，在逻辑运算单元、新型存储器、存算一体架构与芯片设计等关键技术方向开展创新研究，并通过产学研协同实现技术转化与产业化应用。

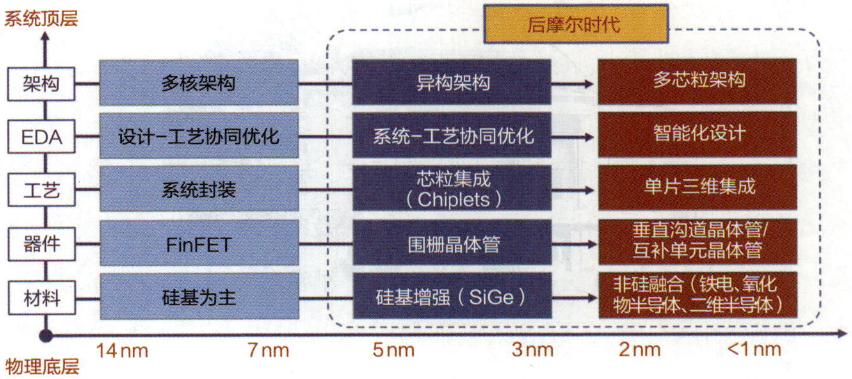

图 6　后摩尔时代的创新矩阵

第一，在新结构和新原理低功耗逻辑器件方面，北京大学是国内最早（2005 年）开展面向 5/3 纳米以下围栅（GAA）新结构器件研究的大学，研究体系包括工艺、模型、电路成套技术，为国内最全，并发表了国内首篇国际电子器件会议（IEDM）论文。在新原理器件方面，北京大学推出了全球首个基于大生产平台的超低功耗隧穿场效应晶体管（TFET）集成技术，并入选多版国际半导体技术路线图，后转移到中芯国际，与华为海思开展合作。

第二，在新型低功耗存储技术方面，北京大学形成了面向低功耗嵌入式和存储级内存的阻变和铁电等新型存储技术的系统研究体系，并入选多版国际半导体技术路线图。自主知识产权新型存储技术在国内最大的两家集成电路制造公司（中芯国际和华虹集团）进行量产技术转移，部分专利成为重要知识产权（IP）写入上市的招股书。

第三，在计算与存储融合技术方面，北京大学构建了基于低功耗逻辑和存储器件的存算一体 AI 计算、神经形态计算等新计算架构研究体系，并在国际上开创了低功耗异步事件驱动型芯片架构、全并行随机计算架构等，并获得了2021年度“ISSCC最佳芯片展示奖”① 等奖项，实现千万元专利转让直接收益，并成功孵化人工智能物联网（AIoT）芯片设计企业。

此外，在EDA领域，北京大学针对先进工艺器件/电路可靠性协同优化和跨层次设计问题，提出了面向16/14纳米及以下的表征/模型技术、智能芯片布局算法和电路仿真方法等成套自主知识产权的工艺-器件-电路EDA工具。该成果已通过技术授权集成至全球EDA行业领导者——新思科技（Synopsys）和楷登电子（Cadence）的设计平台，并服务于中芯国际（中国最大的芯片制造公司）、华为海思（中国最大的芯片设计公司）等。北京大学还与国际集约模型联盟（CMC）合作制定相关行业标准。

在EDA领域，东南大学也有一系列主要研究成果及转化。围绕人工智能物联网应用，东南大学突破宽电压近阈值集成电路设计方法学及EDA，提出动态裕度弹性调节低功耗设计理论，研制国内首套宽电压的单元库和定制流程。相关技术通过国际嵌入式微处理器基准评测联盟（EEMBC）ULPMark评测，达到业界领先水平，并应用于华为海思等企业，服务217个客户，累计生产29.8万片晶圆。

集成电路虽然属于应用学科，但基础研究对于集成电路产业技术具有里程碑式的贡献（图7）。从90纳米开始的基础研究，其成果转化为集成电路产业中的核心技术。未来的集成电路技术创新将更加依赖于基础研究的突破，因此，发展集成电路产业同样应当关注基础研究及应用基础研究。

---

① ISSCC是全球集成电路领域的最高级别会议，又称“芯片奥林匹克大会”。该奖项为ISSCC创办以来国内首次获奖。

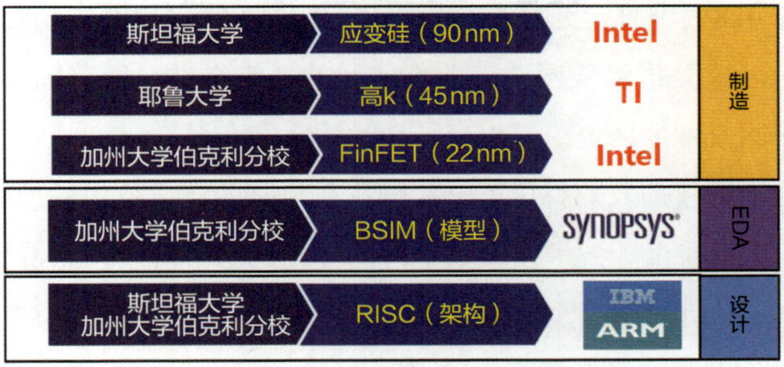

图 7　基础研究对于集成电路产业技术的里程碑贡献

四、分析、思考与应对建议

观察中美“芯片战争”的进程可以发现，美国对中国从企业打压发展到了行业限制（图 8）。美国对中国的科技政策也呈现出对外限制、拉帮结派、并购扩张、对内激励的样态。美国内部形成了从财政部、能源部、国防部、商务部、移民局联动的对华管控体系。

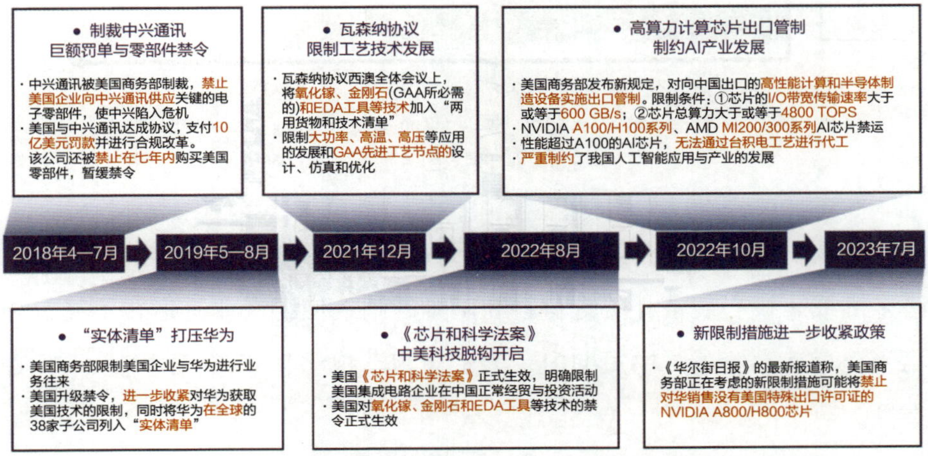

图 8　中美“芯片战争”的进程——从企业打压到行业限制

2022年8月9日，美国《芯片与科学法案》(*The CHIPS and Science Act*)签署成法。这是推动美国“工业再造”的关键文件。继美国之后，欧、日、韩等国家和地区也纷纷出台了芯片法案和布局。

在美国科技霸权的打压下，我国集成电路的产业技术呈现如下现状（图9）：我国在设计技术领域基本与国际先进水平持平；制造技术落后于国际水平，正在快速追赶，其中NAND技术已经进入国际先进行列；14/28纳米EDA工具全链条初步整合完成，正在向先进工艺节点推进；未来攻关的重点仍然在核心装备、零部件方面。

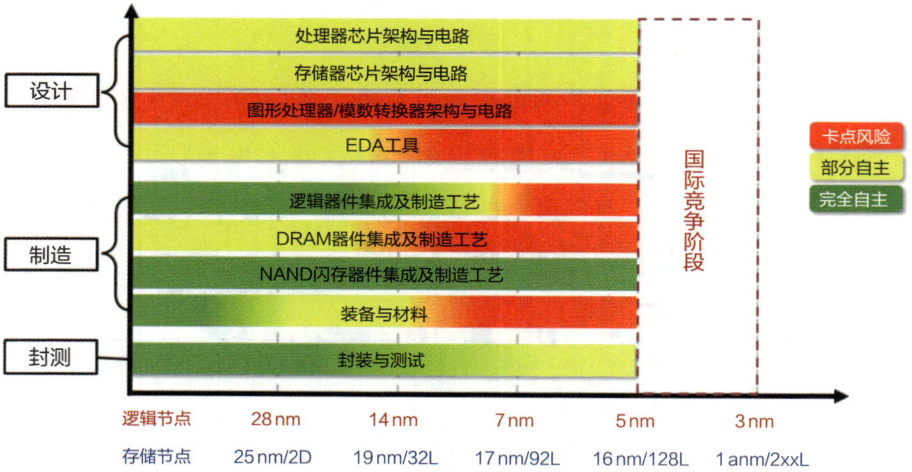

图9 我国集成电路产业技术现状

此外，在美国科技霸权的打压下，我国参与全球产业链的分工面临诸多挑战。核心装备、关键材料和工具的缺乏使得产业链运转不畅，相当于跑车缺少轮子。中短期内，为了让跑车跑动起来，我们有以下几种选择。

选择一，牺牲速度，先为跑车装上“自行车的轮子”：优先解决成熟产能的国产化问题，形成成本优势；优先保障国家安全需求。这种选择在不计成本的情况下，基本可以满足性能需求。

选择二，将跑车改装成自行车：结构简单，但功能全面，攻守兼备。即融入、再构全球产业链，打造轻量级链条形态，以产品做牵引，形成有限范围内循环。

选择三，寻找如“磁悬浮跑车”的等效替代路线：发展中国特色的等效微缩路线，基于芯粒集成解决中短期高端芯片的需求问题。

五、总结

我国芯片产业发展进步明显，生态拼图不断完善，技术追赶基本达到现有基础的上限，不计成本的情况下可以解决主要问题。我国需清醒认识到，当前我们与国外还存在不小的差距，但有章法地推进一定能提高发展加速度。后摩尔时代芯片技术发展上呈现功耗约束和应用牵引双轮驱动态势，技术发展和产业拓展进入重要的历史转折点，为我国发展带来了重要机遇。

当下全球主要国家正前所未有地重视芯片发展。我国应当在战略上再构全球化，战术上先期构建有限内循环，更好地实施新型举国体制，打好顶层设计、统筹、精准、要素与部门联动的组合拳，同时动态调整、快速反应；应当有章法地将应用优势及市场优势转化为芯片优势；有章法地加大科技创新攻关力度，形成体系化能力，为产业当下和未来发展提供制程；有章法地推进基础研究及应用基础研究，事半功倍地解决卡脖子问题背后的理论和方法问题，运用组合拳，加大力度解决我国芯片人才的培养问题。

人间正道是沧桑，相信我国一定能有章法、有耐心地协同打赢这场史无前例的攻坚战。

主讲报告

集成电路科学、工程和产业简介

主讲人：吴汉明

一、背景

当前集成电路产业方面，我国所面对的国际形势恶化，全球技术被肢解，人才引进通道被阻。美国相继出台《芯片与科学法案》与 BIS 出口管制新规，联合日本、荷兰对华半导体设备封禁出口，并号令韩国减少对华出口半导体产品（图 10）。

图 10 国际集成电路背景形势恶化

2022 年 8 月，美国总统签署《芯片与科学法案》，授权一系列计划以促进美国境内半导体的研究、开发和制造，旨在促进美国芯片产业发展。2023 年 4 月 25 日，美国商务部通过国家标准与技术研究院（NIST）发布《国家半导体技术中心的愿景与战略》，呼吁成立美国国家半导体技术中心（NSTC），以确保技术创新能力促进实现半导体技术领域的增长。在半导体立法方面，美国主要提出以下三方面使命。第一，国防技术转化。商务部长应与国防部长合作，建立一个国家半导体技术中心，进行先进半导体技术的研究和原型制造，培养美国半导体劳动力，以加强国内供应链的经济竞争力和安全性。第二，公私联合。该中心应作为公私联合体运营，由私营部门、能源部和国家科学基金会协同参与。第三，执行主体明确。美国国家半导体技术中心将作为整个半导体生态系统研究和工程的聚集中心，推进和实现颠覆性创新，以确保美国在未来产业中的领导地位。

二、集成电路的诞生

1947 年 12 月 16 日，在美国新泽西州的默里山贝尔实验室，威廉·肖克利（William Shockley）、约翰·巴顿（John Bardeen）、沃特·布拉顿（Walter Brattain）3 位科学家正式成功演示了第一个基于锗半导体的具有放大功能的点接触式晶体管，这标志着现代半导体产业的诞生和信息时代的开启。

1950 年，威廉·肖克利研发出了锗基 NPN 结式晶体管，使得现代半导体工艺成为可能。

1953 年，晶体管进入商业性应用。助听器也开始使用晶体管而非真空管，耗电大大减小，这使得电池体积变小，从而可以被佩戴到头部。

1958 年，德州仪器工程师杰克·基尔比（Jack Kilby）将 3 种电子元件结合到一片小小的硅片上，发明了集成电路。但基尔比认为他自己并不是一位科学家，而是一位工程师。

科学家发现世界，解释事物，从 0 到 1 解决可能性问题；工程师改造世界，从1到100解决可行性问题。科学家是会动脑的工程师，工程师是会动手的科学家。

三、集成电路科学与工程

我国第一块硅单晶于1958年诞生，落后于美国6年，早于日本2年。我国第一块硅集成电路诞生于1965年，落后于美国7年，落后于日本5年。由于生产能力有限，发展速度日益落后于世界水平。1996年，我国首次实现集成电路年产量6亿块，此时落后于美国24年，落后于日本20年。这是我们早年科学先行、工程落伍的教训。

当前，我国集成电路的工程化驱动远远不够，仅有少量基础性问题，需要原始创新解决。我国对工科的重视程度需要大幅加强，工程文化建设亟待加强，工程驱动学科需要依靠工程思维以建立工程文化，进而驱动集成电路产业发展。

四、产业发展的摩尔定律

与火药、蒸汽机的发明一样，集成电路产业的发展对人类文明具有划时代的意义。半个多世纪以来，半导体物理、材料、器件设计理论、工艺原理、制造技术等领域取得了突飞猛进的进展，给人类文明社会带来极大影响。

芯片技术始终朝着四大目标发展：功能高、耗能少、体积小、成本低。早期集成电路产业的发展遵循着摩尔定律（1965年提出），即当价格不变时，集成电路上可容纳的元器件数量约每年增加一倍，性能也将提升一倍。随着产业的发展，摩尔发现集成电路性能可实现每年提升，但成本越来越高，难以实现可持续发展（图11）。于是，1975年，摩尔将定律修正为：单位面积芯片上的晶体管数量每两年实现翻番。

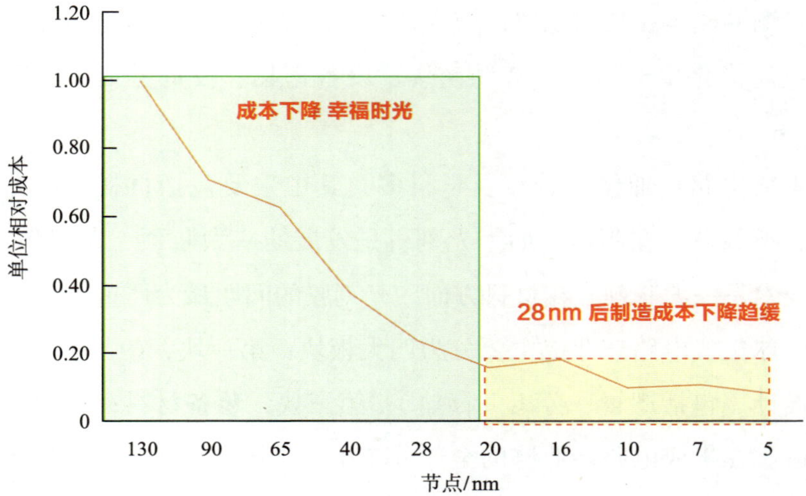

图 11　后摩尔时代集成电路成本下降趋缓

（数据来源：IC Knowledge-Strategic Cost Model）

五、集成电路三大板块：设计、制造、封测

集成电路包括三大板块：设计、制造、封测。类比小说，集成电路的设计相当于小说的写作环节，制造相当于印刷环节，封测相当于装订环节。

芯片设计环节包括电路设计与图形设计，需将客户所要求的功能和各种电路组合起来，制图过程要反复推敲，以实现在微小芯片中高效率地布局各种不同的电路。集成电路设计的特点包括：应用于产品导向、人才密集、创新密集、知识密集、知识产权密集。

在芯片制造环节，流程较为复杂。前端制造费用在整个集成电路产业内占比约为 80%，包括光刻、刻蚀等一系列工艺。集成电路制造的特点包括：规模化制造导向、设备密集、投资密集、人才密集、专利技术密集。

封测的成本在集成电路产业内占比约为20%。集成电路封测的特点包括：规模化生产导向、劳动密集、设备密集、投资密集、品质管控密集。

集成电路产业链长，涉及学科多，其中主要包括材料、设计、制造、装备领域。在制造方面，光刻机是发展的一大瓶颈。在装备方面，检测技术是一大瓶颈。在材料方面，光刻胶的问题最为严重。

全球集成电路产业链主要分为四大板块：第一块，IP、EDA；第二块，设计（包括逻辑、分离、存储）；第三块，装备材料；第四块，芯片制造。在集成电路产业链的全球分布中，美国基本控制IP和EDA板块，占比74%；逻辑器件领域，美国垄断67%；设备领域，美国占据41%的份额，中国仅有非常小的比例。在材料领域，东亚占比57%，主要包括日本、韩国和中国台湾地区。在封测领域，中国大陆占据38%的市场份额。

六、芯片制造工艺流程简介

在集成电路设计、制造、封测的三大主要板块里，制造是我们短板中的短板。通俗来讲，集成电路制造就是在硅片（晶圆）上制造成千上万个晶体管，且每个晶体管中的钨和铜要相互连接，这是制造的核心技术环节。

芯片制造技术的难点在于其是制造的极限组合，精度逼近物理极限，又属于超大规模系统工程。就器件精密度而言，以28纳米芯片产品为例，其栅长为32纳米，小于细菌；精度小于1纳米；栅厚为3.3纳米，小于30个硅原子的直径；接触孔直径35纳米；互联层达11层。就工程超大规模而言，以300毫米硅片为例，其上集成有数万亿晶体管、几十万亿通孔、上万千米沟槽、60多种材料、1000多个工艺步骤。

尽管集成电路制造如此复杂，但微电子学院与集成电路学院目前对于制造人才的培养相对薄弱，传统教学面临新兴学科的挑战。

一个集成电路芯片的成功制作，需要经历约 1000 个物理、化学步骤，制造过程冗长。如每一步的良率为 99.9%，1000 步之后，芯片的整体良率将为 0.999 的 1000 次方，即约 36.7%，这对于良率控制十分不利。

成套工艺的先进程度和技术水平标志着一个国家或地区的工业实力和科技水平，涉及电子、材料、数学、物理、计算机、力学、化学、机械、化工、自动化多个学科交叉。其产业链冗长，集合材料成果、装备成果、零部件成果、新型器件成果、EDA/IP 成果、关键工艺成果等。在成套工艺平台的支持下，交叉学科发展、成果转化、产业链建设以及工艺优化、良率提升、智能制造等工程共性技术的研发都取得新进展。经历成套工艺中试线后，GPU、CPU 等逻辑芯片，DRAM、闪存等存储芯片，CIS、MEMS 等传感器芯片，汽车电子、医疗电子等专用芯片才能进一步实现产业化发展。所以具备成套工艺能力的中试公共平台就显得尤为重要。

七、光刻机

光刻机在整个集成电路的工艺流程中，属于环节之一。如要解决这一环节，其他诸多环节需要一起解决，才能形成成套工艺。

光刻分辨率是光刻曝光系统最重要的技术指标。回顾 20 年来光刻技术的发展，光刻技术所采用的光波长从 435 纳米、365 纳米、248 纳米向 193 纳米迭代，被卡在 193 纳米无法进步近 20 年，经历浸润式、多重曝光技术实现 7 纳米工艺。如今，EUV 技术问世，光刻工艺可实现 5 纳米及以下。

此外，未来，纳米压印、X 射线光刻、电子束直写 3 个先进光刻技术也有可能小规模应用，但在量产方面仍然存在缺陷。

EUV 光刻技术涉及多个领域和多个国家的科技创新与合作，是全球化技术的结晶。EUV 光刻机是一个由 10 万多个零部件组成的复杂系统，每个零部件都需要高精尖的技术和设备来支撑，由全球 5000 多个顶尖供应商来供应。目前全球只有荷兰的 ASML 公司能够生产整机 EUV 光刻机，但它并非是一个国家独立完成的成果，而是全球化技术的结晶：由荷兰提供腔体，英国提供真空系统（英荷两国约占整个技术含量的 32%）；由美国提供 EUV 光源（美国占整个技术含量的 27%）；由德国提供光学系统支持（德国约占整个技术含量的 14%）；由日本提供材料支持（日本约占整个技术含量的 27%）。

因此，在战略上，我们需要以举国之力，实现 EUV 光刻机的最大程度自主可控。虽然在未来 3 年、5 年内 EUV 光刻机难以实现产业化，但是如果持续投入大量资源支持研发，在未来 10 年甚至 8 年内我们有机会实现产业化应用。其中“再全球化”应当是未来集成电路发展非常重要的途径之一。

八、集成电路发展

集成电路产业的发展依靠两条路径：一条是“More Moore”，即遵循摩尔定律，以缩小数字集成电路的尺寸为目的，同时器件优化中心兼顾性能及功耗；一条是“More than Moore”，即不再依靠单纯堆叠晶体管以提升芯片性能，而更多地靠电路设计以及系统算法优化，同时，借助于先进封装技术，实现异质集成，也就是把依靠先进工艺实现的数字芯片模块和依靠成熟工艺实现的模拟/射频等集成到一起以提升芯片性能。

未来，集成电路的前沿技术将向着四个方向发展：第一，“硅–冯”

范式；第二，类硅模式；第三，类脑模式；第四，新兴范式（表 3）。

表 3 集成电路前沿研究方向

研究方向	硅技术	新兴技术
冯－诺依曼架构	“硅－冯”范式：二进制基础的 MOSFET 和 CMOS（平面）和泛 CMOS（立体栅 FinFET、纳米线环栅 NWFET、碳纳米管 CNTFET 等技术）。 瓶颈：$P \propto f^3$	类硅模式：现行架构下 NC FET（负电容）、TFET（隧穿）、相变 FET、SET（单电子）等电荷变换的非 CMOS 技术。 延续摩尔定律的主要技术
新兴架构	类脑模式：3D 封装模拟神经元特性，存算一体等技术，具备并行性、低功耗的特点，人工智能的主要途径。 有产业前景	新兴范式：状态变换（信息强相关电子态 / 自旋取向）、新器件技术（自旋器件 / 量子）和新兴架构（量子计算 / 神经形态计算）。 属基础研究范畴

当前，集成电路先进技术在我国的落成需要跨越三个台阶：第一个是 7 纳米的台阶，第二和第三个台阶分别是 5 纳米和 3 纳米。

互动环节

问题一：长江存储成为全球第一家量产 232 层 3D NAND 闪存芯片的厂商，是如何做到领先的？

答：实事求是来说，长江存储坚持创新，确实已成为全球第一家量产 232 层 3D NAND 闪存芯片的厂商，但这并不能称为领先，而应当说是进入了全球的第一方阵，对原来的第一名、第二名、第三名发起了一次不大不小的挑战。芯片的竞争是一场马拉松，需要我们持续地研发和增加产能，通过耐力来支撑比赛。

问题二：芯片制造技术走到极限将会是什么样？我们应当提前做哪些技术储备？

答：目前美国对我国采取了一些限制，因此全球芯片制造技术的极限与我国的技术极限应当分开来看。

从全球全行业来看，集成电路目前已经实现了 3 纳米制程。芯片制造技术的极限与材料的物理极限有关，最终可能实现 0.5 纳米量级。

我国的芯片制造技术可从器件和工艺两方面来看。在器件领域，目前我国技术节点已经实现 5 纳米，理想状况下，还可以继续向前发展。在工艺领域，因为我国 EUV 光刻技术发展受到限制，所以 5 纳米及以下制程的发展也受到了制约。在不计成本的情况下，我国可以通过其他技术手段实现 5 纳米工艺，但再继续微缩发展产业化就会非常困难。

问题三：目前电子化学品类有哪些亟待解决的问题？

答：目前，国内电子化学品类最难解决的问题就是光刻工艺中的材料，例如光刻胶。光刻胶大概有 50 种，每种都具有不同的特色。中低端的光刻胶在国内已实现从 0 到 1 的突破，但还没有实现大规模、持续、高质量、稳定的供货，而高端的光刻胶则还没能产业化。高端掩模版制造技术还有待继续努力以取得突破。

中国科技会堂论坛第二十九期

纳米科技：微世界　新引擎

导读

1959 年，物理学家费曼提出了直接操纵原子制造产品的设想，这是人类关于纳米科技最初的梦想。纳米科技，指在 1 ~ 100 纳米尺度研究物质特性和原理，并对物质进行精确加工和原子制造。随着扫描隧道电子显微镜问世，人类可以从纳米尺度调控物质，纳米科技得以蓬勃发展。

21 世纪以来，全球 960 个最前沿的科研方向中，89% 都与纳米科技有关。作为横跨多门学科的交叉科学技术，纳米科技被誉为 21 世纪社会经济发展的一大支柱，各国围绕纳米科技的竞争空前激烈。

纳米科技为何能发挥如此大的功用？面对势不可挡的全球竞争，中国该如何布局纳米产业？

主讲嘉宾

赵宇亮

中国科学院院士，发展中国家科学院院士，国家纳米科学中心主任。在国内率先提出纳米生物安全性问题并创建第一个实验室，揭示了无机和碳纳米材料生物安全性规律与肿瘤纳米药物的化学生物学机制。曾获国家自然科学奖二等奖、中国科学院杰出科技成就奖等。在国外工作期间，与同事一起共同发现了 113 号新元素鉨（Nh）——元素周期表中唯一由亚洲国家发现的元素。

王中林

中国科学院外籍院士，中国科学院北京纳米能源与系统研究所所长、首席科学家，佐治亚理工学院终身校董事讲席教授。主要从事材料科学和纳米科学研究，在纳米材料可控生长、表征和应用等多方面取得了多项有国际重要影响力的原创性研究成果。

互动嘉宾

李　伟　复旦大学化学系副主任、长江学者特聘教授。主要从事介孔催化材料设计合成与应用研究。曾获国家自然科学奖一等奖等。

徐晓光　京东方集团副总裁、首席技术官、新型显示国家工程研究中心主任，带领团队开展纳米碳材料、二维半导体、微纳结构在新型显示领域的应用等探索研究。

主讲报告

纳米科技与产业创新

主讲人：赵宇亮

一、纳米科技简介

通常而言，我们将纳米科技划分为纳米科学与纳米技术。纳米科学通过研究物质在“极小”（1 ~ 100 纳米）尺度上的新结构、新功能、新方法、新技术、新原理，进而认识或改造世界。纳米技术研究结构在“极小”（1 ~ 100 纳米）尺度范围的材料性质和应用、测量方法、制造新技术等，它的最终目标是直接以原子、分子、纳米结构基元等来精准制造具有特定功能的产品。

物质世界从“无功能”到“有功能”的临界尺度，发生在纳米尺度；生命世界从“非生命”到“有生命”的临界尺度，也发生在纳米尺度。基于此，在纳米尺度，人类可以在“功能”产生的源头调控物质世界和生命世界。纳米科技突破了人类科学认知边界，产生了一种技术创新范式，成为产业变革源头。

在生命体系中，纳米尺度覆盖了从蛋白质、DNA 到细胞器的尺度范围（图 1）。生命体从原子开始合成氨基酸、蛋白质分子，随后组装成亚细胞器，如核糖体、线粒体、细胞膜、细胞核、高尔基体等，之后，这几百个纳米大小的亚细胞器再互相组合形成生命的基本单元——细胞，从“非生命”到“有生命”进化的临界点，正是发生在纳米尺度。

纳米科技有两大基础，下面我们简单介绍一下。

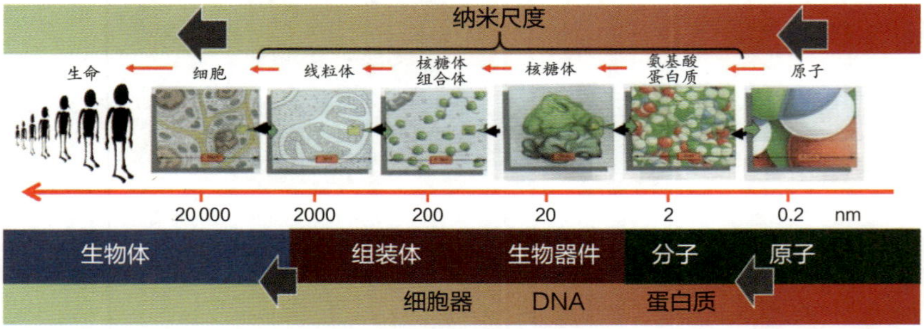

图 1　在生命体系中，纳米尺度覆盖了从蛋白质、DNA 到细胞器的尺度范围

第一大基础是纳米材料。该种材料至少有一个维度是 1 ~ 100 纳米；具有微观结构效应，即能从根本上（原子、分子尺度）设计物质单元结构，调控其物理、化学或生物医学性质；其物质单元结构能按一定规则自组装，形成宏观的物体；在光学、电学、磁学、力学、化学或生物医学等领域具有崭新的功能。纳米材料有着优秀的力学、电学、磁学、光学特性、敏感特性和催化以及光活性，在精细陶瓷、微电子学、生物工程、化工、医学等领域均有应用。以量子点纳米材料为例，不同粒径的量子点可以发出不同颜色的光。巴黎圣母院钟楼上的纯金穹窿之所以会产生五颜六色的色彩，是由于早期工匠将金粉打磨成不同大小的晶粒，这些大小不一的晶粒就能显现出完全不同的颜色。2023 年诺贝尔化学奖颁给了 3 位在量子点纳米材料合成上有卓越贡献的科学家。再比如碳纳米材料，碳纳米管的密度只有钢的 1/6，强度却是钢的 100 倍，其硬度与金刚石相当，却非常柔软，可任意弯曲。碳纳米管纤维长径比高达 1000 : 1，其他纤维达到 20 : 1 就很高了。科幻作品《三体》中提到太空电梯，如果没有碳纳米材料，人类是无法制造太空电梯的。

第二大基础是微纳加工技术。它是一种新兴的综合加工技术，整合了现代机械、光学、电子、计算机、测量和材料等先进技术成果，使加工精度从 20 世纪 60 年代初的微米水平提高到目前的 10 纳米水平，在几十年内提高了 1 ~ 2 个数量级，不仅极大地减小了零部件的尺寸，更是大大提高了产品的性能和可靠性。

二、纳米科技是新产业新赛道的底层技术

纳米科技作为一项“普适型 + 变革型”的先进技术，全球 960 个最前沿的科学技术研究方向里，约 89% 与纳米技术相关。纳米技术在制造、智能技术、新材料与超材料、智慧医疗、能源环境、催化、标准与安全等领域，具有变革性、引领性、带动性。下面举例介绍纳米科技的具体应用。

例一，锂电池。1912 年，美国科学家劳顿发明锂电池，当时还只是将其作为一项科学研究、一个概念。锂电池真正起步的年代是 1980 年，美国科学家古迪纳夫将氧化钴酸锂作为正极材料，成功制备锂电池实验样品。1991 年，日本索尼公司推出了第一款商用锂离子电池，可作为计算器的电池使用，也就是常见的纽扣电池。2002 年，锂离子电池成为国际标准，开始在电动汽车上使用。一颗小小的纽扣电池，为何能变成动力电池驱动汽车呢？事实上，其发电原理并没有变化，仍然是电化学原理，只是正负极材料发生了变化，目前，锂电池的正负极材料都在使用纳米材料，若希望储能电池性能达到理论值的上限，除电极材料外还需选用纳米材料的浆料和电解质等。

例二，计算机。世界上第一台全自动电子计算机问世时，其长度为 3.48 米，厚度为 0.91 米，高度为 2.44 米，重 30 吨，每秒钟仅能运行 5000 次，只能进行加减运算。2023 年，苹果 A13 芯片每秒可运行数万亿次。当初计算机发明的时候，即使造出摩天大楼般的计算机，也无法实现目前智能手机的算力和功能。人类在几十年内实现算力的极大突破，得益于微纳加工技术。当器件打磨得越来越薄、越来越小时，功耗也会越来越小，速度越来越快。智能手机是迄今为止科技集成度最高的产品，它集成了 9 项诺贝尔奖技术（图 2），其中 8 项都与纳米技术相关。

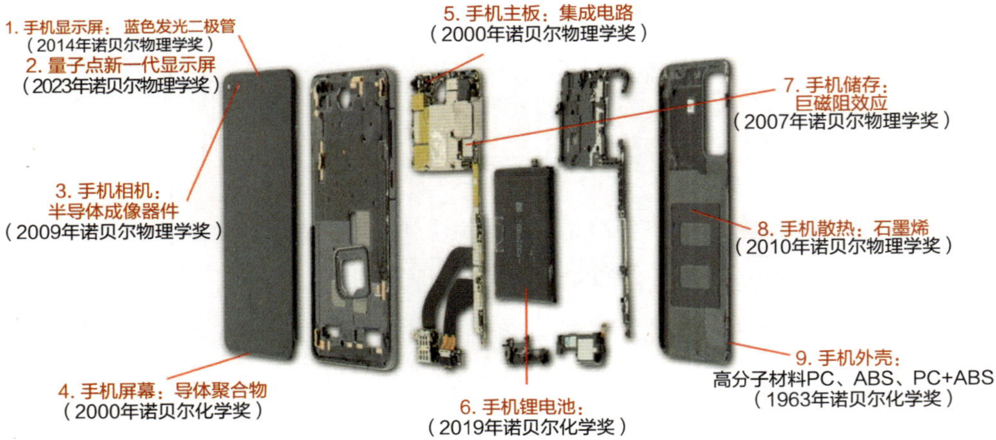

图 2　智能手机用到的诺贝尔奖技术

例三，显示屏。显示屏包含很多器件，不仅材料需使用纳米材料，而且加工需要利用纳米技术。20 世纪 80 年代，显示屏主要被用于计算器、电子手表的显示，仅有几平方厘米。如今，大屏尺寸可达 110 英寸，其中纳米技术功不可没，包括器件的加工、设计、检测、分析等。2023 年，诺贝尔化学奖授予在量子点的发现与合成领域取得成就的科学家。目前我国量子点材料应用水平居于世界前列。

例四，碳纤维。20 世纪 80 年代，碳纤维只能做钓鱼竿。现在，碳纳米管密度只有钢的 1/6，强度却是钢的 100 倍；硬度与金刚石相当，却非常柔软，可任意弯曲；碳纳米管导线，重量仅是铜的 1/10，强度是铜的 30 倍。目前，碳纳米材料在飞机机身、航空轮胎上均有应用。

例五，光伏发电。以前光伏材料主要使用硅材料，如单晶硅、多晶硅。现在则有钙钛矿、量子点、纳米薄膜等纳米光伏材料。光伏纳米涂层包括纳米金属、纳米氧化物、纳米硅等。

例六，纳米催化。传统化工装置高塔林立，因为化工反应的副产品多，需要将这些副产品逐个分离，每座塔还需配备化学药品储装罐，占地面积很大。而纳米催化剂能将化工产物变得单一，使其从多产物变为单产物。在这种情况下，化工装置只需要一座塔装备就足够了。第一次世界大战时期，德国科学家尝试把煤变成油，发展出煤化工产业。然而，煤化工用水量极其庞大，还会造成大量污染物排放，能耗也非常大。现在，利用纳米催化煤化工再生，把煤变成油，烯烃、丙烯、丁烯等工业原料，用水量与能耗仅为传统方式的几百分之一。

例七，mRNA 疫苗。1961 年，mRNA 问世，但 mRNA 的应用才刚刚起步。用一个核酸单链来研制疫苗或者药物，颠覆了原来药物与疫苗研发的路线，这是一条全新的路线。如何将药物递送到细胞中，是 mRNA 疫苗研发涉及的一项关键技术。脂质体纳米载体是新冠疫苗的核心技术，通过脂质体纳米载体，药物被递送到细胞。1965 年，脂质体物质被发现，但把脂质体加工成纳米颗粒并作为 mRNA 疫苗的纳米材料递送运载工具，跨越了半个多世纪。这意味着，一个基础科学从发现到真正大规模应用并改变人类生活，是需要时间的，需要我们保持耐心、恒心、决心，不断地对科学技术加以完善、迭代，其间还不能中断，唯其如此，基础科学发现才有望转变为颠覆性技术。

三、我国纳米科技的科研产出位于世界前列

纳米科技是物理、化学、化工、材料、生物等多学科的研究前沿。纳米科学，已经成为全球各大基础学科的创新引擎。

纳米研究对全球科研产出贡献不断增长。2000—2019 年，全球学术产出中有 4.2% 与纳米相关（141.85 万篇），这些文献贡献了全球 6.4% 的引用（总被引约 4089.7 万次）。发表纳米研究成果的作者中，2000 年为 32 591 人，占全球作者总量的 2.5%；2019 年达 498 948 人，占全球作者总量的 10.9%，是同期全球作者复合增长率的 2.3 倍。2000—2019 年，全球共有 54 052 篇前 1% 高被引文献与纳米相关，占

全球前 1% 高被引文献的 11%（图 3）。

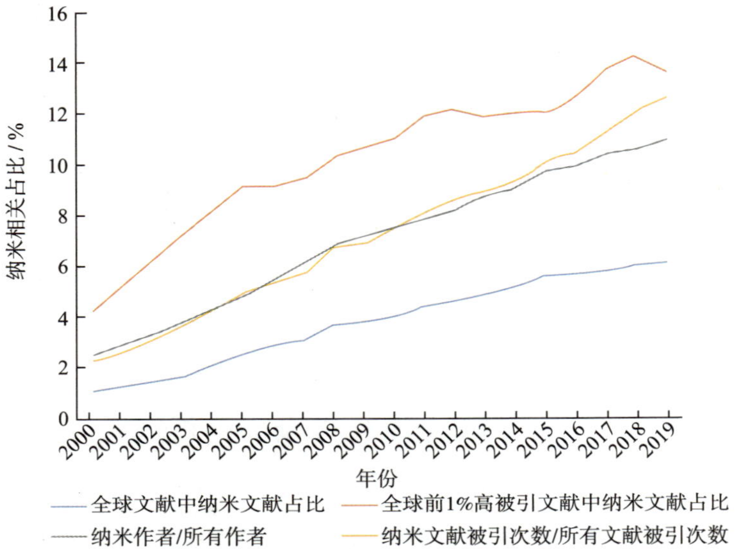

图 3　纳米研究相关占比

根据相关统计，2009—2018 年，全球共有 132 220 个项目与纳米相关，约占全球所有项目的 3.6%，年度复合增长率为 3%，同期全球项目数量几乎保持不变。

中国纳米科技在基础研究和应用基础研究领跑全球。我国高质量基础研究成果发表在《科学》（*Science*）、《自然》（*Nature*）与子刊学术成果数量已经超过美国，排名全球第一。中国的纳米科技论文总量、高被引文献和专利授权数量都处于世界领先地位，具备实现重大“0—1”突破的坚实基础。

我国研究机构的国际竞争力稳步提高。在纳米科技领域，世界前 1% 高被引文献数量的科研机构排名中，中国国家纳米科学中心与哈佛大学、加州理工大学并列全球第一。在纳米领域基础科学的学术产出方面，世界排名前 20 的机构中，11 所来自中国（图 4）。

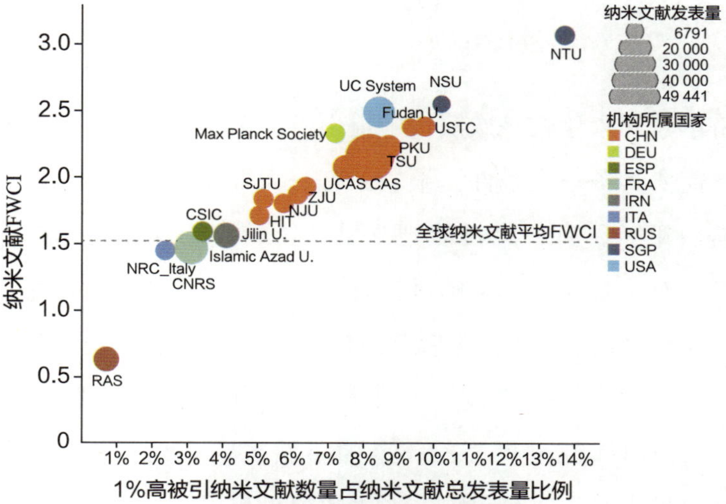

图 4　纳米领域基础科学的学术产出

我国纳米科技研究水平已进入世界最前列，在聚集诱导发光、纳米催化、纳米孔材料、极限测量、碳基芯片、金属纳米结构、石墨炔、纳米酶、纳米机器人、纳米毒理学、纳米发电等领域及方向上居于世界前列。

我国在纳米科技上取得了以下代表性成果。其一，实现了世界上第一个纳米机器人在（小鼠、猪）活体内针对病变部位的药物递送。其二，发现纳米材料在活体体内的“远端效应”，开启了纳米材料远端效应、治疗肿瘤转移的研究新方向。其三，为医药产品创新提供了变革基础，如药物递送、纳米机器人、脑机接口等。其四，为医疗器械产业创新提供了变革基础，如采用纳米材料、纳米技术研发的柔性电子技术，研制出下一代可穿戴和植入式医疗检测器械；纳米技术可实现微创脑机接口。其五，新一代“生物技术导弹”——纳米抗体也是一个新兴领域，纳米抗体与传统生物体有很大的区别，一是它穿透力强、稳定性高；二是制备简单，工程菌表达远优于传统抗体的杂交瘤细胞制备方式，具有易表达、易于基因工程改造等优点。

四、我国纳米科技产业化潜力巨大

经济学家郑永年在一次演讲中提出，一个国家要实现高科技产业自立自强，需要具备三大条件：第一，有一大批能从事基础科学研究的大学、机构；第二，有一大批能把基础科学转化为应用技术的企业、机构；第三，有一套能支撑基础科学研究和技术转化的金融体系。

第一个条件，中国已经基本具备。2022年年底，我国具有大学文化程度的人口大于2.18亿人；我国从事科学研究的人数高达526万（逐年增加），科研人数世界第一；全国研发投入2.8万亿，为世界第二；专利申请量世界第一；科研论文发表数量世界第一；科研论文被国际同行引用数量世界第一；科学研究论文质量（Top 1%），世界前20研究机构有18个在中国。例如，纳米科技领域，中国发表在*Science*，*Nature*及其子刊科学论文已经成为世界第一。

然而，也要看到，我国纳米科技也存在科研成果转化率低下的问题。如中国申请的纳米专利大于43万件，位居世界第一，但纳米科技成果转化率低下，相比之下，美国纳米科技成果转化率高达70%。2019年，美国纳米技术在光电子与信息技术、新能源、生物医药等领域产值大于1万亿美元，我国尚缺乏统计口径，但总而言之，我国纳米科技成果转化率低下是不争的事实。因此，突破卡脖子的关键是提升我国科技成果转化与产业化能力。

我国科学研究虽然在诸多领域已进入世界前列，但科技成果转化能力还有差距。造成这一问题的根本原因是我国科技创新链4～6级缺失，这是我国最大的短板。

科技创新链分为9级（表1），1～3级涉及基础研究，4～6级涉及成果转化，7～9级涉及产品化。1～3级实验室阶段，聚焦基本概念、原理，产出形式是学术论文和发明专利。4 ~ 6 级工程化阶段，关键问题是学术成果能否工程化、能否量产、是否满足社会发展需求，产出形式是工程样机。样机制成后，最后能否稳定生产推向市场，是 7 ~ 9 级产业化阶段关注的事情，参与主体是企业。当前，中国需要聚焦科技创新体系最薄弱环节，在科技创新链 1 ~ 3 级和 7 ~ 9 级之间架起成果转化桥梁，这样才能把个人的研究能力变成国家的经济实力。

我国科技产业领域，产业链全、创新链缺，人才链好、资金链差。基础科学成果转变为先进技术和高附加值产业，能力急需提高。那么，该由谁来挂帅为国家补短板，到底是企业还是政府？

广东粤港澳大湾区国家纳米科技创新研究院（下称“广纳院”），是我国首个科技创新链 4 ~ 6 级研发平台。广纳院在科技成果产业化方面取得了多个突破：建立了 6 英寸（15.24 厘米）一体化集成器件制造商（IDM）生产线；推出了全球最轻薄、视角最广波导芯片显示模组产品，全球首款达到 miniLED 商业应用标准并应用到显示屏生产线的量子点扩散板产品，全球耐温最高（>1200℃）永久抗菌纳米材料，全球第一个实现在活体内（猪）完成药物递送的纳米机器人等。

纳米技术也是世界科技竞争的必争之地，2001 年、2004 年、2007 年、2011 年、2014 年、2017 年、2021 年，美国白宫科技政策办公室分别发布了 7 次“国家纳米技术（NNI）计划”，对美国纳米科学与技术发展战略作出部署。在 2021 年版 NNI 计划中，美国提出：动员全美科技力量，确保美国纳米科技世界领导地位；加强纳米基础设施投入，推动产业变革和商业化，造福社会；加强纳米科学与技术教育和劳动力人才培养。

最后，从世界科技与产业革命发展史展望中国。

16 世纪，意大利在但丁、达·芬奇这些伟大诗人和艺术家的影响下，出现了伽利略，诞生了《星空信使》和天文望远镜等一大批科学名

表1　9级科技创新链

等级	技术成熟度	产出形式	创新主体（创新者）	解决的关键问题	阶段
1	基本概念、原理	学术论文发明专利	科研机构（国内外科学家）	是否符合科学原理和逻辑	第一阶段（实验室阶段）
2	原理应用于试验得到初步验证	学术论文发明专利	科研机构（国内外科学家）		
3	实验室制备，获得样品，部分性能通过实验室检测	学术论文发明专利	科研机构（国内外科学家）		
4	贯通实验室工艺，获得试制品，完全通过实验室检测验证	实验室工艺、专利、实验室试制品	**广纳院** 科学家＋工程师＋企业家＋科技金融	能否工程化、能否量产、是否满足社会发展需求	第二阶段（工程化阶段）
5	在放大条件与环境下通过验证	试验工程样机、专利、半工业试验品	**广纳院** 科学家＋工程师＋企业家＋科技金融		
6	在使用条件和环境下通过验证	实测工程样机、专利、标准、测试品	**广纳院** 科学家＋工程师＋企业家＋科技金融		
7	通过用户测试，生产线完整、技术规范	生产工艺、技术规范、专利、试制品	**中国纳米谷** 企业（工程师）	工艺成本、合格率、稳定性、安全性	第三阶段（产业化阶段）
8	稳定生产工艺，满足一致性要求	稳定生产工艺、产品	**中国纳米谷** 企业（工程师）		
9	各生产要素优化，成为商品	商品（市场）	**中国纳米谷** 企业（销售）		

著和科学发明。这些科学发现，极大地改变了人们对世界的看法，开创了崭新的实验科学新时代。1600 年，布鲁诺被教会送上火刑柱。1642 年，伽利略去世，意大利科学中心的地位开始衰落。

17 世纪初，在培根思想的影响下，英国高度重视知识的价值，提倡科学实验，成立皇家学会研究自然科学，出现了牛顿、虎克、波义耳、哈雷等顶尖科学家，诞生了牛顿力学、电磁场理论、进化论等一批科学理论。瓦特完善了高效蒸汽机，随后蒸汽机技术和纺织机械技术结合引发了第一次工业革命，改变了人类的生产和生活方式。1727 年牛顿去世，英国科学技术开始急剧衰落。

18 世纪末，法国大革命爆发，以伏尔泰、卢梭、孟德斯鸠、狄德罗为代表的启蒙运动哲学家百科全书派，提倡科学和民主，进行思想解放运动。出现了拉格朗日、拉普拉斯、拉瓦锡等一大批卓越科学家，使法国成为世界科学中心，但法国过分学院式的科研方式以及不重视科学成果转化和应用，日益动摇了法国世界科学中心的地位。

19 世纪初，在一大批哲学家、思想家（康德、黑格尔、叔本华、马克思、恩格斯、尼采、罗素）的影响下，德国率先进行大学改革，把教学与科学研究紧密结合，成为世界上第一个创立导师制的国家。当时的德国吸引了世界最优秀的人才，成为科学研究乐园，涌现出爱因斯坦、玻尔、欧姆、高斯、李比希、霍夫曼等顶尖科学家。细胞学说、相对论、量子力学等重大理论学说都是在这一时期被创立的。德国特别注重科技成果应用，成为世界工业强国。两次世界大战使德国受到重创，人才和资金大量流失，德国科学从此走向衰落。

20 世纪初，站在欧洲科学巨人肩膀上的美国，继承了英国科学传统和德国科学体制，特别重视科学人才引进。长期提供优越科研条件和稳定的科研环境的美国，造就了发明家贝尔、爱迪生，吸引了爱因斯坦、费米、弗兰克、威格纳、西拉德等世界各国顶尖科学家云集，整个20世纪引领了世界科学技术发展潮流，包括原子能、计算机、空间技术、微电子技术、生物技术、互联网技术等，美国学者获得了近70%的诺贝尔奖。

可以看出，迄今为止，全球共发生了3次科技与产业革命，当前学界普遍认为人类正经历以智能化为特征的第四次科技革命。在此情况下，世界科学中心能否再次转移？中国能否成为下一个世界科学中心？现代科学在西方连续发展了近400年，技术与科学结合已历经了200年，而在中国两者的历史都尚短。纵观世界科学中心转移史，每一个世界科学中心的诞生，都是先有科学思想，后有技术发明。思想家提升了整个社会的认知高度，为顶尖科学家的涌现创造了必需的文化土壤与认知条件。

主讲报告

纳米发电机：科学发现与颠覆性技术

主讲人：王中林

一、能源的现状

当前，纳米技术的重要应用主要涉及医疗健康、传感、能源等领域。本文将重点阐述纳米技术在能源领域的应用。

我国的能源消费结构主要具有如下特征："富煤""贫油""少气"，可见，我国化石能源消费仍占主导地位。以风电、光伏发电为代表的可再生能源的占比呈现逐步增长的趋势，但是煤电占比仍旧高达64%。为了实现国家的双碳目标，亟须优化能源结构，提高可再生能源的占比，到2060年将达到80%以上，从而大大减少碳排放。

纵观能源技术的历史，从18世纪至19世纪，英国对人类科学做出了巨大贡献，其中瓦特发明了蒸汽机，法拉第发现了电磁感应定律，将蒸汽机与电磁发电机二者结合起来，即产生了现在的主流发电技术。法拉第在发现电磁感应定律之初，并不清楚这一发现的未来应用前景，70年后全球的第一个商用发电机问世，从此，人类走向了电气化的新时代。

当前，我们面临的主要问题是化石能源的过度利用。根据热力学第一定律，能量是守恒的，虽然从一种形式变成了另一种形式，但是能量是不可湮灭的。化石能源的利用是通过能源的燃烧真正应用到现实生活中，最后以热能或机械能的形式散发到环境中，这些能源不可再重新利用。根据热力学第二定律，熵在增加，从传统的聚集性能源变成分布式能源，能源的总量是不变的，关键在于我们能否发明一种技术利用之前不能使用的能源，将之转化为电力，这是我们所面临的挑战。

随着国家双碳目标的推进，国家的能源转型进程加快，在未来的能源结构中，分布式能源的占比将大大增加，人们可以综合利用太阳能、风能、生物质能等可再生能源发电，这将产生主网与微网、固定式与分布式相结合的发电模式，发电技术也将沿着这个方向发展。因此，我们不可忽略微网的分布式能源，让能源就地产生、就地消纳，这就是分布式能源的综合性。

二、未来取代化石能源的可能性

22世纪即将到来之际，人类赖以生存和发展的能源是什么呢？中国科学院与欧洲科学院的近期联合公报《基于海洋的气候行动》指出，迫切需要采用海洋能源替代化石能源等措施来大幅减少温室气体的排放。此报告预示着，海洋能源的开发利用，将是后化石能源时代解决能源问题的根本途径。

目前全球海洋能可再生总量达到 7.66×10^{10} 千瓦，冲击海岸线的波浪能达到3太瓦，而开放海洋区的波浪能可达20 ~ 30太瓦。虽然海洋能源的总量巨大，但是开发利用海洋能是非常困难的。一方面，海洋能分布广、频次低、所处的环境复杂；另一方面，现有的发电装置笨重且体积庞大、成本高昂、施工艰难，且在海洋低频下能量转换效率低。波浪能发电装置可以建在水流湍急或出海口位置，但是并不能满足大范围的用能需求，往往具有成本过高、维护性差、能量输出不稳定、集成困难等问题。因而，亟须寻找一种经济可行的技术方案来解决上述这些问题。

三、从 0 到 1 的原创发明——摩擦纳米发电机

2011 年，我们在进行利用压电效应将机械功转化为电功的实验时，使用氧化锌纳米线制备压电式纳米发电机，一次偶然的机会，研究团队发现表面修饰有纳米结构的塑料薄膜在互相摩擦时产生的静电电压是用压电效应产生的电压的几十倍。据此，研究团队发明了世界上第一台摩擦纳米发电机（TENG），如图 5 所示。经过一年多的研究，TENG 的输出功率提高了上百倍。通过实验验证，这种 TENG 的机电转化效率为 50% ~ 80%。并且团队发明了 TENG 的 4 种工作模式，可以将接触、滑动等不同机械运动的能量转化为电能。

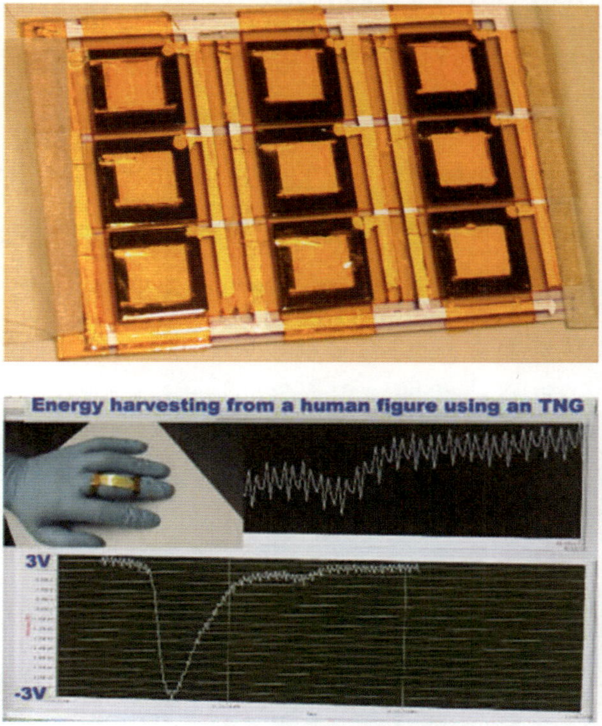

图 5　摩擦纳米发电机（TENG）

那么，摩擦纳米发电技术与传统的发电技术相比，区别和优势有哪些呢？传统的电磁发电技术基于电磁感应效应，利用线圈切割磁感应线引起磁通量的变化，从而将机械功转变为电功，这是电磁发电机（EMG）的基本原理。TENG通过介质的接触，利用高分子材料的不同物理效应，把机械功转化为电功，即使是非常低的转速也能产生高的电压，能够有效输出。而电磁发电机在转速较低时没有电功的输出，因而，在风力发电中，当风的等级小于3、4级时不能发电，这是源于物理原理的限制，而非工程技术的限制。TENG与EMG形成互补，能够把低速的分布式能源有效地转变为电力。

为了体现摩擦纳米发电技术的优势，我们进行了数值比较，测量了在激励幅度不变时，EMG与TENG在不同频率下的输出特性。

第一，TENG输出的频率低于EMG，但输出功率却是EMG的10倍以上，因而，在低频下TENG具有杀手级应用。

第二，在低幅度机械触发下，TENG的输出大大高于EMG。在物联网、分布式能源的时代，微小的动作即可产生可观的电能，这是TENG能做到的，而其他技术却无法实现，这也体现出TENG技术的颠覆性。总之，就技术优势而言，TENG能够收集分布在环境中的质量低、幅度小、频次低的机械能。

TENG是基于普适的接触起电的原理，因此，日常生活中的材料都可以用来制作TENG，用材不限，应用范围也非常广泛。

四、TENG的应用领域

TENG技术具有五大应用领域（图6），分别是：①微纳能源，例如，TENG可以给心脏起搏器供电就是利用了微纳能源；②自驱动传感与系统，很多传感器能够自动感知信号并发送信号就是应用了自驱动传感技术，环境监测、物联网等也应用了自驱动传感技术；③小型高压电源；④应用于海洋的蓝色能源（Blue Energy）；⑤用于研究液体－固体界面基本物理化学的探针。

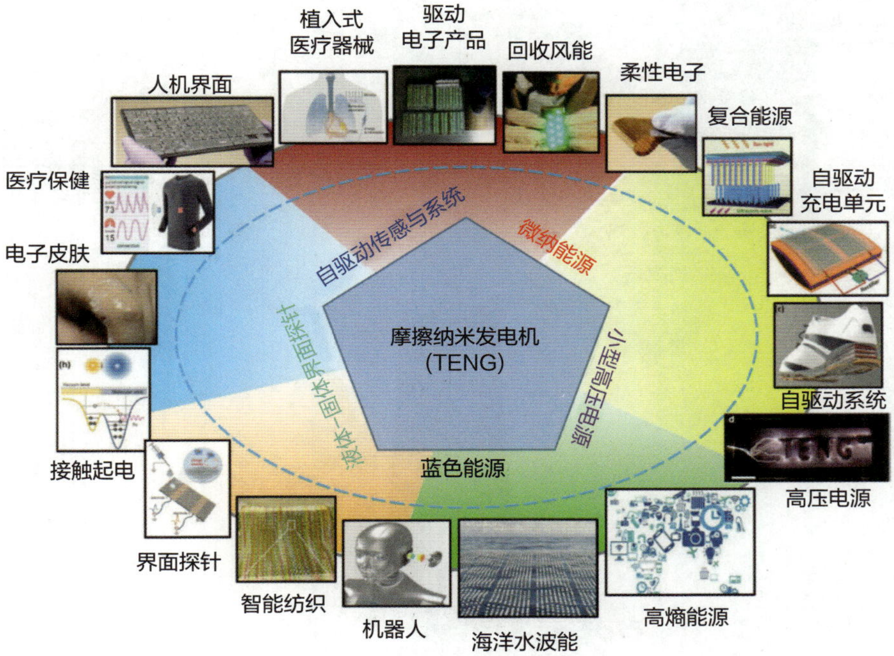

图 6　TENG 的应用领域

根据这 5 个应用领域，未来将可以培养出五大产业集群（图 7），包括微纳医疗健康与环保产业、自驱动传感产业、自供能安防监测产业、微纳能源与蓝色能源产业、压电（光）电子半导体产业。

在医疗健康和康复方面，把 TENG 传感装置放置在康复器械内，可以测试患者康复的恢复力度和恢复频次，TENG 装置对角度传感的精度达到千分之一至万分之一度，只需要轻微的动作即可实现传感的功能。

图7　五大产业集群

目前，利用TENG研制的智能膝盖支具已在湘雅医院完成了几期临床试验，患者能够进行居家检测，实现有效的医患沟通，缩短术后患者的康复周期。此外，TENG装置在心脏起搏器中也有应用。我们研制了共生型心脏起搏器（图8），成功地在大型动物（猪）的体内实现了“全植入”的自驱动运行，每次心跳收集到的能量高于起搏阈值能量，达到通过一次心跳实现一次心脏起搏的需求，并实现了对心律不齐的治疗。

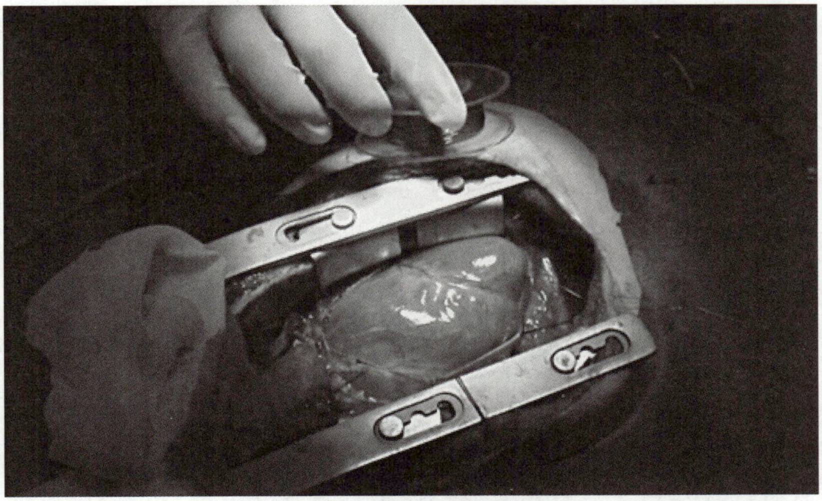

图 8 共生型心脏起搏器

在自驱动传感方面，我们构建了自驱动的智能水表，利用水流能量转化的电能测试水流的压力、pH 值、浑浊度和污染物含量，将具体信息汇总并无线传输至接收端。这种流体自驱动智能监测技术实现了对管路流量、水质参数的无源实时监测，解决了传统机械水表查抄困难及智能水表供电的问题，提供了管路流体状态监测的全新解决方案，在城市智慧水务、工业管道流体运输等领域具有广阔的应用前景。

此外，我们开发了基于 TENG 的信息安全应用——智能键盘。它在输入端直接对任何密码及所关注信息的输入过程进行严格监管，实现信息安全的源头级防护，不仅需要判断信息内容的正确性，还要辨识输入习惯的准确性，例如，在电脑使用时，不仅需要输入正确的密码，还需要正确的输入密码的姿态。

同时，我们研制了分布式风力驱动的二氧化碳测量和信号发射系统，可以监测分布在环境中的二氧化碳、一氧化碳浓度及含量，在环境保护上发挥重要的作用。我们还推出了中医数值化平台，利用探测器模仿老中医号脉，通过脉搏信息分析出诸多参数，使中医科学走向数值化，对中医文化的传承与延续具有重要意义。

接下来，我们重点介绍一下基于TENG的海洋能开发的工作。海洋能开发是大势所趋，但难度极高，需要发展崭新的技术。2014年，我们提出利用球壳结构构建大规模的发电网络收集海洋能源的想法，即蓝色能源（图9）。在低频下，传统电磁发电机的能量转换效率极低，而由麦克斯韦位移电流驱动的TENG为收集海洋的低频能量提供了一种高效且颠覆性的技术路径。每个发电球产生的电压是100 ~ 200伏，如果将所有发电球并联，那么它们的输出电流即可叠加。虽然单个发电球的输出是脉冲的信号，但是很多单元输出信号的叠加即可得到恒定的直流输出。并且TENG发电是不分昼夜的，不依赖于天气，不需要并网，不涉及能源稳定性的问题。

图9　基于TENG的蓝色能源

目前，我们已经在温州、青岛的海域进行了试验。海上试验结果表明，水波发电的峰值输出功率达80瓦/米^3，平均输出功率达13瓦/米^3，由此验证了 TENG 在大规模蓝色能源开发上的可能性，具有重要的实际意义和社会经济价值。面向无序、随机、低频的海洋能源，TENG 网络带来了海洋能开发利用的全新机遇和未来。

海洋蓝色能源技术具有极大的优势，主要体现在以下几方面。第一，发电技术是原创的。基于纳米发电机单元，提出利用纳米发电网络结构收集海洋蓝色能源的方法，我们拥有全套的知识产权，占有先机。第二，发电结构简单，首次不用磁铁、线圈。发电装置制作工艺简便、质轻、体积小、在工程应用上难度低。第三，成本低。发电装置制作材料均为大规模工业化原料，材料和制作成本远低于其他发电技术，为其广泛应用提供有利条件。第四，低频的能量采集。因其输出电压高，纳米发电机在低频海洋能采集上有传统发电机不能取代的优势，可解决电磁发电机百年来无法解决的问题。第五，适应性广。发电装置不但可以漂浮在水面上进行波动能的采集，也可以对水流的机械能进行回收；不仅可以收集大风大浪机械能，也可对小波动能进行有效采集。第六，无战略威胁。纳米发电网不占用陆地面积，不用移民，不用建大坝，发电不分昼夜，不受天气影响，没有潜在的战略威胁。

与海上光伏、风电技术相比，摩擦纳米发电技术是不间断的、全天候的。根据我们当前的实验数据，平均功率达到 10 瓦 / 米^3 时，1 米^3 水的年发电量可达 400 千瓦时，并且随着技术的拓展深化，年发电量会进一步提高。同时，我们比较了 TENG 与其他能量收集技术的平准发电成本，发现其平准发电成本比核能、太阳能、风能、水力、天然气、煤炭等发电技术要低。

进一步地，我们设计了多种收集海洋能的 TENG 结构，构建了球形、内置弹簧、钟摆结构及圆环结构的纳米发电机网络，并且构筑了自驱动的海洋相关的传感器，例如，制备了分布式的液位传感器；设计了自供电智能浮标传感系统，用于持续性、自主式的无线传感与数据传输；研制出摩擦电海洋波谱传感器，实现对任意传播方向上海浪的监测。

此外，我们还聚焦于基于摩擦纳米发电的海洋物联网应用的开发。通过部署成千上万个小型、低成本的智能漂浮物，组成分布式传感网络，实现对大片海域的持续态势感知，如海况及位置等环境数据，以及船只、潜艇、飞机等目标物的活动数据。我们的研发目标是发展高性能的蓝色能源发电－管理－储能的集成器件，实现给海洋物联网的稳定与持续的供能。

未来，在海洋蓝色能源发电的基础上，我们将结合海上光伏、风力发电，开发三位一体的复合能源技术，实现能源的综合利用，这将是符合实际的稳妥发展路径。

五、TENG的国际影响力

根据英国IDTechEx公司对于零碳排放分布式发电机市场的评估，预计到2040年，零碳分布式能源的市场将达到3500亿美元。同时，根据中国科学院与科睿唯安联合发布的《2022研究前沿》报告，基于TENG的自供电可穿戴织物技术入选化学与材料科学领域10大热点前沿。在中国工程院、科睿唯安与高等教育出版社联合发布的《全球工程前沿2022》报告中，摩擦纳米发电技术入选机械与运载工程领域前10大工程研究前沿问题，并排在第3位。

截至2022年11月，全球已有83个国家和地区、1500多个研究单元、16 000多人在跟随中国科学院北京纳米能源与系统研究所做的TENG和压电电子学的相关研究（图10）。其中，美国Sandia国家实验室、美国西北太平洋国家实验室和美国可再生能源国家实验室在做摩擦纳米发电机的相关尖端研究和应用。我们期望建立 TENG 领域的研究机构和产业基地，并且国家能够设立专项支持 TENG 领域的研究和产业发展，或设置相关专业来培养 TENG 领域的高端人才。

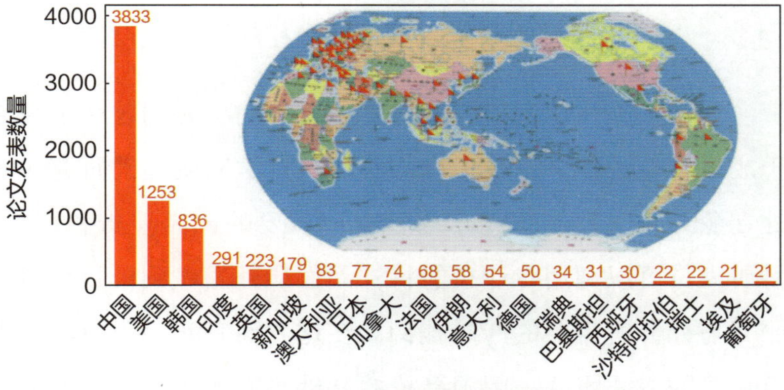

图 10　各国关于纳米发电机研究的论文发表数量

互动环节

问题一：中国在纳米科技成果转化方面表现如何？

观点一：中国在纳米科技成果转化方面的核心问题在于缺乏致力于成果转化的4～6级工程化阶段。科学家或基础研究人员常年处在象牙塔，对工程技术与社会所需要的产品涉猎和认知不足，科研人员可以利用专业技能将样品性能开发做到极致，但如何将研究与社会所需要的产品挂钩，在这方面其实是脱节的。由于缺乏相关的人才团队，中国高校的基础研究转化为成果的能力确实稍弱一些。要补足这块短板，需要鼓励研究机构与企业、工业界深度结合。

观点二：第一，我们必须要重视技术创新，必须要积极去跟进原创理念与应用层面的创新。第二，未来，面向物联网、面向智能化，不管是成果转化的4～6阶段，还是7～9阶段，企业都需要与研究机构做好密切合作，共同承接课题，推动产业化发展。

问题二：与科技发达国家相比，中国在原创科学方面有差距，这与传统文化是否有关系？

答：我国的传统文化蕴含着强大的人文文化，但缺乏科技文化。我国的人文文化适合人类的发展和繁衍，适合于人通过自我约束、修炼自己思想，推动社会和谐发展。但要成为世界科技强国，我们必须要加强科学文化建设。其实，我国对科学技术的支持力度是很大的，但我们更多的是强调利用科学技术解决当下面临的紧迫问题，这虽然必要，但并不全面。关键在于，我们要在自身的思维、行为、决策之中，将科学当作文化的一部分，而非实用主义解决眼前利益的一部分，我们的文化自信必须强调科学文化。

中国科技会堂论坛第三十二期

生物制造：未来物质制造的新方式

导读

生物制造，是一种利用生物体机能进行物质加工与合成的绿色生产方式，具有原料可再生、过程清洁高效等特点，可减少对生态环境的影响，推动经济社会可持续发展，在绿色、低碳、循环发展方面具有显著优势。

全球范围内，生物制造已成为大国竞争的焦点。美国、欧盟等国家和地区相继制定生物制造及生物经济的专门政策，更新生物经济发展战略，制定生物制造发展路线图和行动计划。

2022 年，我国《“十四五”生物经济发展规划》明确将生物制造作为生物经济战略性新兴产业发展方向，生物制造也成为我国继绿色制造、智能制造后，推进制造强国建设的又一重要抓手。目前，我国在合成生物学领域已取得多项重要研究成果和应用进展，成为全球合成生物学领域的重要参与者和推动者。但与此同时，也仍面临着底层技术受制于人、原始创新能力相对薄弱等问题。

未来，我国生物制造产业发展的重点方向在哪里？应当如何提高自主创新能力，引领生物经济不断向好发展？

主讲嘉宾

谭天伟

中国工程院院士，中国工程院化工、冶金与材料工程学部主任，北京化工大学校长。长期从事工业生物技术和生物制造领域科研工作。

在工业酶开发及利用、生物基化学品和生物能源绿色制造、二氧化碳生物转化利用等领域取得突出技术成果。曾获国家技术发明奖二等奖（2项）等。

应汉杰

中国工程院院士，苏州大学校长。长期致力于提高生物制造效率的创新技术与工业过程应用研究，发明了能量调控物质代谢的反应工程技术。曾获国家技术发明奖二等奖（2项）等。

互动嘉宾

张学礼　中国科学院天津工业生物技术研究所研究员。长期致力于生物制造、合成生物学、基因编辑的研究工作，创建微生物细胞工厂生产生物基化学品，开发基因编辑技术用于遗传疾病基因治疗。

王　琦　中国农业大学领军教授、植物生态工程研究所所长。长期从事植物病理学、植物病害生物防治、植物微生态学以及生物杀菌剂、微生态制剂和微生物肥料等研究和产品开发工作。曾获国家科技进步奖二等奖等。

主讲报告

生物制造改变未来

主讲人：谭天伟

当前，生物制造已成为国家关注的焦点。在2022年和2023年的中央经济工作会议上，生物制造被明确提出作为未来重要的发展方向。2023年12月，中央经济工作会议指出："以科技创新引领现代化产业体系建设，要以科技创新推动产业创新，特别是以颠覆性技术和前沿技术催生新产业、新模式、新动能，发展新质生产力。""打造生物制造、商业航天、低空经济等若干战略性新兴产业。"2024年，工业和信息化部等7个部门联合发布《关于推动未来产业创新发展的实施意见》，前瞻布局未来产业，生物制造也位属未来产业之列。

一、生物制造的定义

生物制造是以工业生物技术为核心，借助酶、微生物细胞，并融合化学工程技术对目标产品进行加工的生产方式，涵盖生物基材料、化学品以及生物能源等多个领域。生物制造的产品范围广泛，不仅包括大规模生产的生物乙醇等，也包括小规模生产的化学品材料、食品、精细化学品和疫苗等。生物制造的优势在于其反应条件通常为常温常压，能耗较低，且由于生物体的高专业性，副产物少，生产效率高。同时，生物制造使用的原料是可再生的，对环境友好。正是由于这些特点，生物制造在制造业中的比重逐渐增大，被世界经济合作与发展组织（OECD）视为未来最有希望的工业生物技术之一。生物制造的发展不仅有助于提高生产效率和产品质量，还对促进可持续发展和环境保护具有重要意义。

二、为什么要发展生物制造

发展生物制造的必要性源于人类面临的一系列共同挑战。预计到2050年，全球人口规模将达到100亿，由人口增长带来的食品需求将增长30%，能源需求将增长50%，城市人口比例将增长70%。这些增长意味着我们需要利用更少的土地、更少的水、更少的肥料以及更少的农药，以实现更优质的生活。

发展生物制造的原因，可用4个关键词来概括：生物经济、气候目标、粮食安全、生命健康。

关键词一：生物经济

生物经济作为一个新的经济模式，被认为是继农业革命、工业革命和信息革命之后可能出现的又一次重大变革。生物经济的核心是生物制造，生物制造是将生物技术的创新产品推向商业规模的引擎（图1）。

当前，全球正处于一场新的继农业经济、工业经济、数字经济之后的源于生物技术和生物制造的工业革命当中。生物技术领域已经经历了几次重大的革命性发展。发现DNA结构和中心法则推动了第一次革命，人类基因组计划点燃第二次革命。第三次革命则是以合成生物学为核心的生物制造技术，它与人工智能的结合，使生物制造技术发展成为一种可预测、可定制、可调控的新型技术。人工智能、自动化、大数据和生物技术的不断加速融合，使生物可编程和新一代生物制造的实现成为可能。

生物制造技术的范围之所以不断扩大，是因为其能够生产的制造业产品种类日益增多。当前的趋势显示，生物制造技术的应用跨越多个领域，涉及面非常广泛，涵盖了医药、农业、食品、化工、材料等多个行业，甚至包括冶金等领域。此外，生物制造技术使用的原料也在不断进步和创新。从第一代生物技术使用的淀粉，到第二代生物技术使用的秸秆等生物质，再到未来可能使用的二氧化碳、一碳化合物等，生物制造技术的原料使用越来越具有可持续性，成为实现碳中和目标的关键技术。

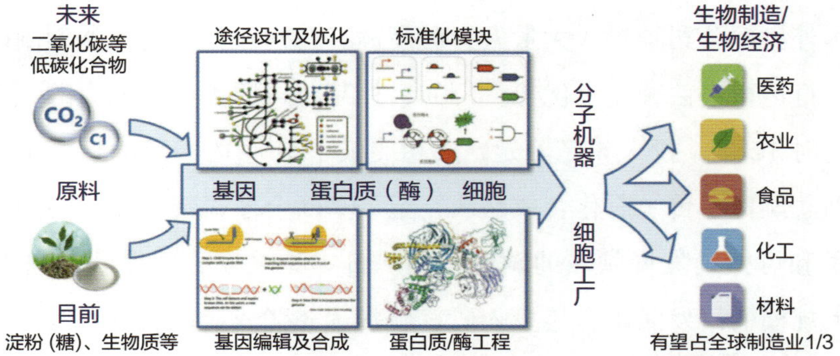

图 1　生物制造是将生物技术的创新产品推向商业规模的引擎

在全球制造业的发展趋势中，生物制造技术正日益成为关键的驱动力。据预计，到 21 世纪末，生物制造产品将占据全球制造业约 1/3 的产值，这是一项重大且跨领域的新型产业模式，所涉及的产业十分广泛，包括材料、医药（包括生物制药与传统化学制药）、农业、环境保护、食品和化学品等行业（图 2）。

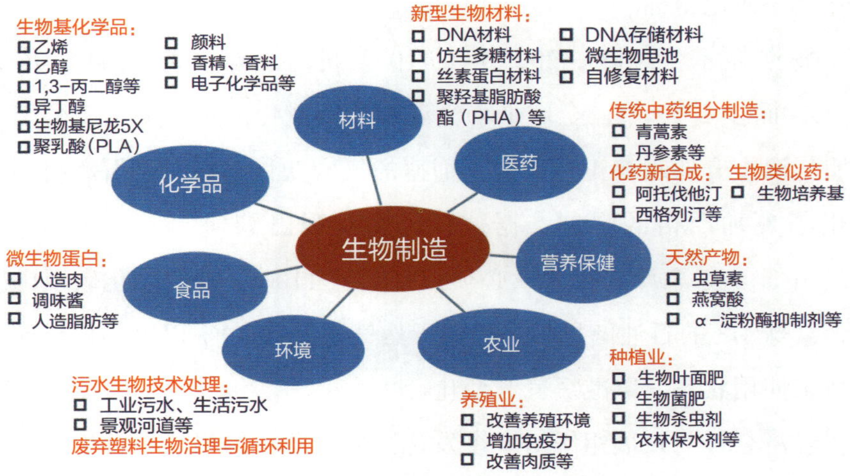

图 2　生物制造技术赋能各行业绿色转型升级

当前，各国都对生物经济给予高度重视。美国、欧盟高度重视生物制造研发，布局实施了“生命铸造厂”和“微生物细胞工厂”等行动计划。国外大型公司均投入大量人力和高额资金构建先进的菌种创制研发平台，打造核心菌种竞争优势。例如，杜邦公司原为全球最大的化工企业，历时12年，投入4亿美元，成功突破了1,3-丙二醇的核心生产菌株，彻底颠覆了传统石化合成路线，至今垄断全球，现已成功转型为生物技术和可持续发展领域的领先公司。日本味之素公司专门建立1700人的大规模的研发队伍，年投入研发经费达3亿美元，氨基酸等核心菌种的技术水平长期保持国际领先优势。

关键词二：气候目标

发展生物制造，还出于零碳经济的需求。不依赖化石资源的生物创新产品和制造过程将促进气候目标和碳排放目标的实现。

巴黎协定是一项全球性的气候行动计划，旨在控制全球气温上升，协定的核心目标是将全球平均气温的升高控制在工业化前水平（1850—1900年）的2℃以内，包括中国和美国在内的各缔约国均同意遵守这一协定目标。

数据显示，2013—2023年的10年间，全球平均气温上升了约1.2℃，而在2023年，全球平均气温则比工业化前水平高出1.45℃，这表明气温上升的趋势正在加速。加速的气候变化趋势对化石燃料的消耗提出了更加严格的限制。据估计，要实现巴黎协定的2℃目标，至2050年，全球累计碳排放量必须控制在约1100亿吨二氧化碳以内。此外，全球1/3的石油储量、一半的天然气储量和80%以上的煤炭储量应保持未使用状态，以减缓气候变化。

经济合作与发展组织对6个发达国家的分析结果显示，生物制造技术的应用能够显著降低工业能耗（15% ~ 80%）、原料消耗（35% ~

75%)、空气污染(50% ~ 90%)、水污染(33% ~ 80%),并降低生产成本(9% ~ 90%)。这表明生物制造技术在促进工业绿色转型和减少环境影响方面具有巨大潜力(图3)。据世界基金委员会预测,到2030年,工业生物技术的应用将有助于每年减少约25亿吨的二氧化碳排放,这将进一步推动全球向低碳经济转型。

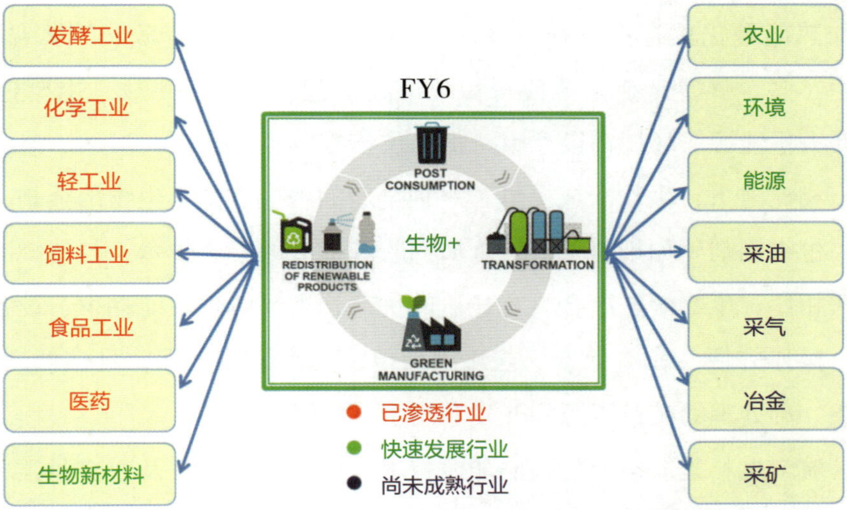

图3　生物制造未来将在广泛的工业部门发挥应对气候变化方面的潜力

在石油产品的生产过程中,碳排放量约为每吨产品排放2 ~ 3吨二氧化碳。在煤化工产品的生产过程中,碳排放量为每吨产品排放6 ~ 7吨二氧化碳。相比之下,生物质化工产品的碳排放量则为负值。生物制造技术为支撑未来制造业可持续发展提供了关键解决方案:提供可持续的生物质原料(可再生碳);赋能可持续生产(绿色过程);开发低碳产品、塑料回收利用;将二氧化碳转化为产品。

冶金行业是一个碳排放密集的领域。以黄金提取为例,即使矿石中只含有0.001%的黄金,也被视为富矿。传统冶金工艺通常是使用焦炭作为加热源，通过加热和还原过程将金属氧化物还原成金属。这一过程中，焦炭不仅用于还原金属氧化物，还用于加热。然而，这种加热方式存在两个主要问题：第一，即使含金量仅为0.01%或0.001%，冶金过程中的碳排放量依然很高；第二，99.99%的加热实际上是在加热石头，这是一种无效的加热过程，进一步增加了碳排放。

近年来，尽管尝试使用氢气代替焦炭进行冶金，解决了还原问题，但加热问题仍然存在。在中国，有70%的有色金属资源属于低品位、原生、多金属复杂矿，这使得传统冶金工艺面临诸多挑战，主要包括：消耗大量能源、环境污染严重、低品位矿难以经济利用。

相比之下，生物冶金提供了一种全新的解决方案。生物冶金是一种利用生物制剂（如细菌）进行金属回收和提取的冶金技术。与传统冶金方法相比，生物湿法冶金具有显著的优势，主要体现在能耗少、设备简单、操作方便、成本低、工艺流程简单、无污染等方面，且在低品位、复杂、难处理的矿产资源的开发利用上具有强大优势。

航空燃料是航空业的核心能源，尽管电动汽车的普及为交通领域带来了能源转型的可能性，但航空业由于其特殊的能量需求，目前仍难以用电力完全替代。航空燃料的能量密度远远超过电池和液体燃料，这种显著的差异意味着航空燃料在未来航空业发展中仍将扮演关键角色。据中石油生物航煤论证会的预测，到2050年，中国的航空燃料需求量将从目前的3000万吨增长至超过1亿吨，这一预测凸显了航空燃料在未来能源结构中的重要性。然而，航空燃料的高碳排放特性也引起了广泛关注。据估计，每燃烧一吨航空燃料将产生3.2吨的二氧化碳。

为了应对这一挑战，生物航空燃料作为一种更环保的替代品，正在受到越来越多的关注。生物航空燃料在全生命周期内可实现高达96%的温室气体减排，同时由于其无氮无硫的特性，可减少70%的颗粒物排放。这不仅有助于减少城市二次粒子的形成，也对改善空气质量具有重要意义。具体到减排效果，我国目前的航煤消费量约 3000 万吨，如全部以生物航煤替代，按每吨生物航煤至少减排 30% 来计算，一年内可减少约 3300 万吨的二氧化碳排放。这一减排量相当于植树近 3 亿棵或近 2000 万辆经济型轿车停开一年的环境效益（图 4）。

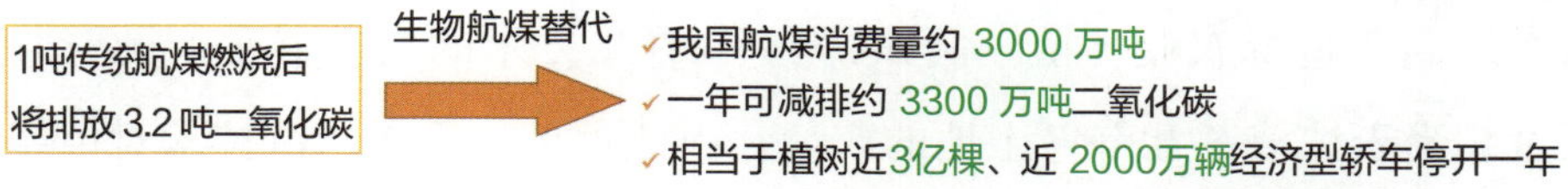

图 4　更绿色的产品：生物航空燃料（交通运输业脱碳）

生物基材料，尤其是生物基塑料，在材料科学领域中扮演着越来越重要的角色。中国作为塑料生产和消费大国，每年生产的塑料总量超过 8000 万吨。然而，传统的塑料生产过程对环境的影响不容忽视。据估计，每生产 1 吨塑料，将排放约 3.1 吨的二氧化碳。相比之下，生物基塑料的生产过程中二氧化碳的排放量仅为 0.6 吨，这意味着每生产 1 吨生物基塑料，可以减少约 2.5 吨的二氧化碳排放。

这种显著的减排效果使得生物基材料在降低化石资源依存度和推动可持续发展方面具有巨大潜力。事实上，约有 85% 的传统塑料可以被生物基塑料替代。例如，聚乳酸、聚羟基脂肪酸酯等生物基塑料和聚合物在全生命周期内的温室气体排放量可以减少 80%。

关键词三：粮食安全

粮食安全是一个亟待解决的问题，未来农业种植模式可能会越来越多地被工业化模式所替代。

以青蒿素为例，这是一种最初由中国发明并长期主导市场的抗疟疾药物成分。10 年前，中国在全球青蒿素市场中的份额为 60% ~ 70%。

然而，近年来中国青蒿素的市场份额在2018年下降至仅10.8%。市场份额的丧失与生物制造技术的发展密切相关。传统上，我国采用农业种植模式来提取青蒿素，这种方法受气候条件的影响较大，且产量受到种植面积的限制。而生物制造技术带来了一场革命性的变化。美国科学家将青蒿合成基因导入酵母中，酵母可以在实验室条件下24小时进行培养，不受自然环境的影响，实现全年无休的生产。这种生物制造方法的效率远高于传统农业种植。例如，一个50立方米的反应器生产的青蒿素量相当于种植5万亩①土地的产量。由此可见，生物制造技术对传统农业模式生产的潜在冲击和改造能力。

此外，生物制造技术的应用还将带来食品生产方式的变革。

目前，尽管我国在主食生产方面能够自给自足，但在副食方面还尚未实现自给自足，尤其是肉类的生产制造仍然依赖大量进口大豆。当前，中国每年需要进口近1亿吨大豆，用于生产2000万吨油脂和8000万吨豆粕，后者主要用于制作动物饲料。这种依赖进口的模式使得中国在肉类供应方面存在一定的脆弱性。2023年，中国大豆进口量仍超过9900万吨。尽管中央政府鼓励扩大大豆种植面积，但实际情况是，种植1亿吨大豆需要占用7.5亿亩耕地，这几乎占据了中国18亿亩耕地的40%以上。因此，完全依靠国内种植大豆来满足需求既不现实也不可行。

而通过生物制造技术，可以生产出人造肉等替代品。虽然目前人造肉的价格相对较高，口感也有待改进，但预计在未来20年内，随着技术的进步和规模化生产，人造肉将普及并进入人们的餐桌。到那时，人们可以根据个人喜好定制肥瘦比例，工业规模的生产将使这一过程变得简单易行。

---

① 1亩约合666.67平方米。

人造肉、人造奶和人造油脂等一系列创新产品，将对于保障粮食安全具有重要意义。传统的农业生产需要大量的耕地，而未来的食品生产可能只需要数千平方米的发酵车间。这种生产方式不仅可以节约耕地资源，还可以减少对化肥的依赖，从而解决全球耕地、化肥和粮食安全问题。

关键词四：生命健康

生物制造是一个涵盖广泛的领域，包括疫苗、核酸抗体等在内的多种生物制品的生产也属于生物制造的范畴。生物制造技术在新型疫苗和基于细胞的药物的生产中发挥着重要作用，将为人类的生命健康保驾护航。

当前，我国疾病总人口和发病率较高，对生物医药和生命健康产品的需求大，而进口依赖较高。据统计，中国血脂异常（含高血脂）人口约 1.6 亿，高血压人口约 2.7 亿；糖尿病患者约 9240 万；超重或肥胖症患者人数在 7000 万 ~ 2 亿，约 76% 的白领处于亚健康状态。此外，20% 的中国人患有慢性病，慢性病死亡率占总死亡率的 86%。而中国在原创制剂类和散装药品的出口方面占比仅为 1% ~ 3%，原创药品的竞争力仍需提升。此外，健康产业结构也存在不均衡现象，医院和医疗用品占比高达 95%，而在美国，这一比例仅为 33%。这表明生命健康产品的细分领域在中国尚有巨大的开发潜力。

以上数据表明，在医药健康领域，许多药物的生产和质量提升，都将依赖于生物制造技术的应用。

三、生物制造生产化学品和材料

当前，生物技术和生物制造是全球科技议程的重中之重。美国、德国、英国、日本和欧盟等世界主要经济体均制定了相应的战略规划（表 1）。

表1　生物技术和生物制造的国际发展态势

国家	制定年份	对生物经济的部署与规划	特征
美国	2022	《国家生物技术和生物制造计划》法案	确保美国在生物制造和生物技术领域的领先地位
美国	2019	《生物经济行动实施框架》 《工程生物学：面向下一代生物经济研究路线图》	最大限度促进生物质资源转化为生物燃料、生物基产品和生物能源
美国	2020	《2020年生物经济研发法案》	确保工程生物学领域的领导作用
欧盟	2019	《面向生物经济的欧洲化学工业路线图》	增加生物基化学品份额、大幅减少碳排放、提高能源效率
欧盟	2020	《循环经济行动计划》	同上
英国	2018	《生物经济战略2018—2030》	到2030年，生物基产品成为全球领导者
日本	2016	《生物战略2019——面向国际共鸣的生物社区的形成》	将高性能生物材料、生物制造与食品生物产业列入重点市场领域
德国	2020	新版《国家生物经济战略》	可持续资源取代日常产品中的化石原料

欧盟在2013年制定的《工业生物技术2025远景规划》中提出：到2025年，生物能源对化石能源的替代率将达到20%，对化工原料的替代率将为6% ~ 12%，对精细化学品的替代率不少于30%。在《推动生物经济——面向欧洲不断繁荣的工业生物技术工业路线图》中，欧盟计划在2030年将可再生原料在化学生产原料中的占比提升至30%，在高附加值化学品和聚合物中的占比提升至50%，在大宗化学品中的占比提升至10%，在运输能源中的占比提升至25%。此外，欧盟还计划通过农村生物炼制使农民收入增长40%，实现农村生物经济转型。

美国在生物制造领域的战略发展目标包括：到2030年，生物基产品将替代25%的有机化学品和20%的石油燃料（《生物质技术路线图》）；到2040年，美国计划每年利用的生物质为12亿～15亿吨，平均成本控制在60美元/吨（《2016年十亿吨报告》）；同时，美国还计划实现大规模生物质生产和转换，使生物燃料占到美国运输燃料市场的25%（《促进可持续的生物经济战略计划》）。

2022年9月，美国总统拜登启动了《国家生物技术和生物制造计划》的行政命令，宣布将提供超过20亿美元的资金以提升美国的生物制造能力；将科学发现转化为医学突破、气候变化解决方案、食品和农业创新以及更强大的供应链；扩大生物基产品的市场机会，简化生物技术产品的法规。这是继2021年4月，美国政府"创新与竞争"法案之后，对人工智能和机器学习、生物技术、基因组学和合成生物学等十大关键技术投资之后的国家行动。

美国的《国家生物技术和生物制造计划》不仅是一项战略行动，也是对生物经济的全面构建。其目标是使美国在第四次工业革命中引领生物经济的发展，包括生物制造全系统的构建、生物基产品采购的支持与补贴、高级专业技术人才的培养、生物技术法规的优化，以及构建温室气体净零排放经济。通过使用超过10亿吨生物质替代石油原料，该计划旨在振兴美国制造业，创建更具弹性的供应链，并在生物质原料区域建设广泛的生物制造设施，实现振兴农村社区经济。

2023年3月23日，美国白宫政府公布了《生物技术和生物制造实现目标：推进生物经济和生物创新》报告，设定了新的明确目标和优先事项，以推进美国生物技术和生物制造的发展。该报告涵盖了以下领域：气候变化解决方案、增强粮食和农业创新、提高供应链弹性、促进人类健康、推进交叉领域进展。报告包含21个主题和49个具体目标，每个版块都提出了相应的目标，突出了生物技术和生物制造带来的巨大潜力。这些目标与拜登政府2022年9月启动的《国家生物技术和生物制造计划》相呼应，共同推动美国在生物技术和生物制造领域的进步。

中国在生物制造领域，尤其是轻工业方面已经取得了一定的进展。我国发酵产业主要产品的产量达到3065万吨，产值3000亿元，占据全球70%以上市场份额。然而，我国的生物发酵产业面临工业菌种创制能力不足、核心酶制剂自主研发率偏低的发展瓶颈，部分优势产业领域的工业菌种还存在知识产权侵权的隐患，核心酶制剂75%以上来自诺维信、帝斯曼和杜邦等国外公司，这为产业的进一步做强带来了巨大的隐患。

中国在全球碳交易和碳税政策的应对上显得相对滞后。

欧盟的碳边境调节机制（CBAM）于2023年10月1日启动过渡期，并将于2026年1月1日起正式实施。过渡期内，出口企业需向欧盟提供碳排放数据。2026年起，欧盟将对碳排放水平较高的进口产品征收碳税，涵盖水泥、钢铁、铝、化肥、电力和氢等领域，未来可能扩大至有机化学品、聚合物及下游制品。据预测，到2027年1月1日，欧盟的碳税可能接近每吨二氧化碳110欧元（按现行汇率8.3计算，折合人民币约1000元）。到2050年，这一价格可能达到每吨500欧元（按现行汇率8.3计算，折合人民币超过4000元）。这种变化将对全球主要经济体产生重大影响，尤其是对中国、俄罗斯和土耳其等国家。到2027年，我国的石化产品，尤其是塑料及其制品是否能够出口至欧盟市场，存在一定的不确定性。据分析，一般企业在生产一吨塑料产品时，利润仅为300～500元人民币。然而，随着碳排放成本的增加，企业需要额外支付的费用也在逐步上升。额外的碳排放税会进一步压缩利润空间，使得产品在国际市场上失去竞争力。

随着碳税的不断上升，通过生物制造获取低碳足迹的生物基化学品和材料受到全球的广泛关注，如生物基的丁二酸、己二酸、丁二醇、异丁烯等产品。

在丁二酸的生物制造领域，自 2013 年起，生物基琥珀酸已经开始工业化生产。主要生产商包括德国巴斯夫公司（BASF）、加拿大生物琥珀公司（BioAmber）、美国麦朗特公司（Myriant）和荷兰 – 法国合资企业瑞威迪亚公司（Reverdia）。在己二酸的生物制造领域，全球每年生产的己二酸含量接近 300 万吨，市场价值近 60 亿美元，年复合增长率为 3% ~ 5%，目前生物基己二酸尚未商业化生产，中试规模约为 1 吨 / 年。主要研发机构包括意大利生物化学公司（Biochemtex）和荷兰皇家帝斯曼集团（2023 年与芬美意合并后更名为帝斯曼 – 芬美意）。这些技术的突破将有助于推动生物基己二酸的产业化进程。

1,4– 丁二醇（BDO）是生产生物可降解塑料聚对苯二甲酸丁二醇酯（PBAT）的关键原料。当前，BDO 全球年消费量达百万吨级，价格波动较大（近期从 3000 美元 / 吨上涨数倍）。此外，其降解过程中产生的碳足迹较大，这使得生产过程面临两难选择。

异丁烯全球产量约 1500 万吨，市场价格为 1700 ~ 2000 美元 / 吨。目前，生物基异丁烯已经开始工业化生产，但核心技术主要掌握在少数外国公司手中，中国化工企业在这一领域尚未取得显著进展。掌握生物基异丁烯生产核心技术的公司包括巴斯夫公司、赢创工业公司、埃克森美孚化工公司等。

总体来看，中国在生物法制造化学品方面取得了一些突破，这为实现技术弯道超车提供了可能，但中国在许多底层工具的技术上仍然受制于人。生物技术底层工具的原始创新能力相对薄弱，工业菌种设计所需的生物元件库、酶资源库等基础数据库，以及蛋白质结构预测等软件，主要源于欧美国家（表2）。随着技术的进步和政策的支持，中国有望在这些领域实现突破，提升自身的竞争力。

表2 生物相关数据库及服务器

数据库	国家/地区
日本DNA数据库，亚洲唯一的核酸序列数据库	日本
欧洲核酸数据库	欧盟、英国
核苷酸序列数据库（GenBank）	美国
美国国家生物技术信息中心（NCBI）参考序列数据库	美国
通用蛋白质资源（UniProt）	美国
内在无序蛋白质（IDP）和区域（IDR）生物数据库	意大利
比较蛋白质结构模型数据库	美国
蛋白质3D结构图形数据库	欧洲
带注释的3D蛋白质结构模型数据库	瑞士
目前可用的最大的代谢途径和酶数据库之一	美国
综合酶信息系统	德国
基因组学、宏基因组学、代谢组学数据及模型	日本

人工智能与生物制造的结合为这一领域带来了显著的进展。我们通过数字化细胞工厂可以精确计算并优化代谢途径，从而提高生产成功率并缩短细胞构建周期。这种方法不仅节省了大量人力和财力，还使得生产过程更加高效。

原儿茶酸是茶多酚的重要活性成分。传统上，原儿茶酸是通过茶叶提取获得的，但工艺复杂。现在，采用谷氨酸棒状杆菌进行生物合成，并通过数字化细胞工厂，利用计算技术确定最优的代谢途径，从而快速改造菌种并实现高效生产。目前，该技术已使原儿茶酸产量提升至50克/升，并且已经准备进入产业化阶段。

此外，胶原蛋白和透明质酸也可通过生物制造方法进行生产。胶原蛋白通常从猪皮中提取，用于美容产品。而透明质酸是一种天然保湿因子，传统上从鸡冠和牛眼中提取。通过生物制造的方式生产这些产品，不仅提高了生产效率，还保证了产品的安全性。传统的动物组织提取方法可能会受到诸如鸡瘟病和疯牛病等疫情的影响，而工业化生产方式则可以避免这些问题，确保产品的稳定供应和安全性。

四、我国生物制造产业重大需求与重点方向

生物制造技术的未来发展方向主要集中在绿色发展。

绿色发展在基础制造业中具有重大需求。当前，基础制造业的可持续发展面临诸多结构性制约，如原料受限高、生产过程污染大、高端产品少等。化工等基础制造业的原料对外依存度较高，2023年统计数据显示，原油的对外依存度为72%，天然橡胶为86%，乙二醇为56%，对二甲苯（PX）为50%。此外，环保和安全问题也相当严重。2020年，中国关闭了超过1万家中小化工企业，造成了约1300亿元的直接经济损失。与此同时，国外在生物制造领域的转型速度较快。中国在生物基化学品专利方面的全球占比不到1%，而美国则占据了57.8%，处于领先地位。为了解决这些问题，需要开发新的原料路线和绿色工艺，并加快提升生物制造的创新能力。

当前，可持续工业原料和粮食安全问题依赖于生物制造的创新（图5）。目前，中国生物制造的初始原料90%来自玉米等粮食作物，这不仅与粮争地、与畜争饲，还加剧了资源的紧张。此外，中国每年产生的秸秆量达8.65亿吨，但原料化利用的比例仅为1%，未能充分实现农林

废弃物糖化后的高值利用。因此，生物制造技术的发展不仅关系到工业原料的可持续供应，也关系到粮食安全和资源的高效利用。

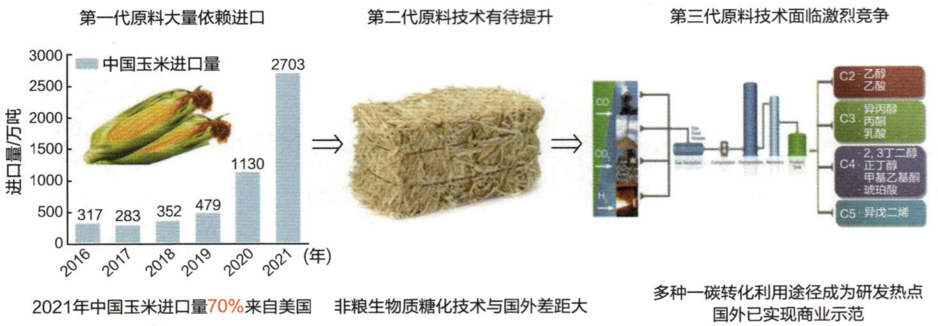

图 5　可持续工业原料和粮食安全问题依赖于生物制造的创新

实现碳中和是未来社会发展的重要目标之一。植物和藻类通过光合作用进行二氧化碳循环，但这一过程速度较慢，且受地理面积限制。为了更高效地实现二氧化碳的转化，可以采用生物制造的工业化模式，利用可再生能源如太阳能、风能等进行能量供给。通过光子或电子还原率输入，微生物细胞工厂可以模拟植物的光合作用，其效率更高。

目前，已经有多种技术开始应用于二氧化碳的转化。例如，光酶耦合技术可以用于生产一些化学品。此外，电酶耦合技术则通过模拟太阳光和太阳能发电，直接利用光和电进行转化，电菌耦合技术还可用于利用微生物将二氧化碳转化为航空燃料。这些生物制造技术不仅对解决二氧化碳的碳中和问题具有潜在的高效性，而且随着技术的进步，其效率将不断提高，未来可能成为解决二氧化碳问题的有效方式。

未来，我国生物制造领域的重点发展方向主要包括以下几方面。

第一，提高我国自主创新能力，包括生物大数据与数字细胞、蛋白质计算与理性设计改造、细胞重编程再造等领域技术。

第二，保障产业支撑能力，包括生物学涉及工具软件、超高通量细胞筛选、生物反应器、生物分离介质等领域技术。

第三，攻克重大战略产品的核心关键技术，包括二氧化碳生物转化利用、未来食品制造、天然药物和生命健康创新产品的生物合成、可再生化工材料、先进生物航空燃料等领域技术。

通过发展这些重点方向，生物制造技术有望在多个领域实现突破，并推动相关产业的发展和升级。

主讲报告

生物制造：未来物质制造的新方式

主讲人：应汉杰

一、背景

18世纪60年代到19世纪40年代，蒸汽机被发明，并作为动力机被广泛应用。人类史上的第一次产业革命爆发，人类从此进入蒸汽时代。蒸汽机不仅作为动力源推动了珍妮纺织机等新机械的诞生，也促进了从人力、水力到机械动力的转变。英国在这一时期将纺织业推向全球的顶峰。与此同时，蒸汽机车和蒸汽火车等交通工具的发明，也进一步加速了工业时代的到来。第一次工业革命创造的巨大生产力，开创了以“工厂”取代“工场”，以机器代替劳动的时代。从根本上解放了劳动者的体力，实现了人口向城市的大规模转移，也加快了城市化的进程。

19世纪70年代到20世纪初，随着发电机的发明和电力的广泛应用，人类迎来了第二次产业革命，从此进入电气时代。汽车、飞机、电车、电灯、电话、电冰箱等产品被相继发明。这一时期，自然科学的新发展开始同技术紧密结合，推动了全球经济的发展和整合，为现代工业经济发展奠定了基础。美国电力工业、石油工业等重工业的普及，促使美国成为科技和产业革命中的领航者。

20世纪40年代至今，原子能、电子计算机、空间技术和生物工程等的发明和应用，标志着第三次产业革命到来，人类进入了信息时代。人造地球卫星、原子弹、氢弹、核反应堆、晶体管计算机、集成电路、因特网、电子货币等相继出现。这一时期，科学技术各个领域实现了相互渗透，密切结合，极大地影响了人类生活方式和思维方式，推动了社会生产力的发展，世界的联系更加紧密，经济全球化趋势也逐渐加强。

第四次产业革命（图 6）以互联网产业化、工业智能化、工业一体化为代表，以人工智能、无人控制技术、量子信息技术、虚拟现实以及生物技术为主，标志着从数字化向智能化的转变。新质生产力也由此而产生。

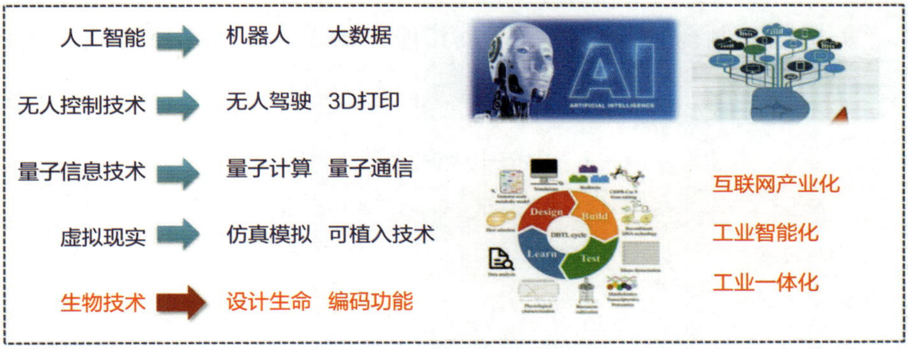

图 6　第四次产业革命：智能制造时代

合成生物技术的发展正引领着一场新生物学革命，这场革命将带领人类实现仿生、创生和再生，并打造新的技术产业和社会文明。随着新生物学革命的一步步发展，我们将迎来一系列重大变革。原材料的使用将经历根本性的变化。煤炭和石油等传统资源将逐步被生物质和二氧化碳等新型原材料所替代。这种转变也将促使生产方式发生相应的变革，生产方法得到创新，生产效率得以提升，进而促进新分子和新产品的发现。正如历史上的产业革命带来了不可预测的新产品一样，第四次产业革命所带来的新产品也将会超出我们当前的想象。

自 20 世纪 90 年代以来，中国经历了快速的工业化和技术革新，特别是在 2000 年加入世界贸易组织之后，中国成功地将前两次工业革命以及第三次工业革命的技术转移到国内。这一转移促进了中国工业的快速发展，使得中国在多个重要产业领域的产出超过美国。

当下，世界正经历着百年未有之大变局，国际力量对比和世界格局正在发生显著变化，科技迅猛发展，推动科技革命和现代化发展模式发生转变，全球能源体系全面升级，经济全球化遭遇逆流。在这一背景下，中国在电子产品、化学制品、机械设备、机动车、基本金属、金属制品、电气设备在内的七大领域的市场份额正在以惊人的速度不断扩大。美国则在制药、信息技术以及其他运输 3 个领域仍持有较大优势（表 3）。

表 3　中美十大产业态势对比

产业	全球产出 / 亿美元	主要生产国	份额 /%
信息技术	19000	美国	36.4
电子产品	13170	中国	26.8
化学制品	11460	中国	29.1
机械设备	11350	中国	32.0
机动车	10930	中国	24.3
基本金属	9760	中国	45.6
金属制品	8460	中国	25.6
制药	6960	美国	28.4
电气设备	6020	中国	36.1
其他运输	3860	美国	34.5

面向当下，中美两国在数字经济领域出台了相关规划和法案。2022 年 1 月，中国发布《“十四五”数字经济发展规划》，明确了推动数字经济健康发展的规划。2022 年 8 月，美国签署《芯片与科学法案》，明确限制有关芯片企业在中国开展正常经贸与投资活动。面向未来，中美两

国均在生物经济领域做出相关部署。2022 年 5 月，中国发布《“十四五”生物经济发展规划》，提出到 2035 年“我国生物经济综合实力稳居国际前列”的目标。2022 年 9 月，美国签署《国家生物技术和生物制造计划》，以促进生物技术创新，推动生物技术美国本土化。

在生物经济领域，美国白宫于 2023 年 3 月发布了《美国生物技术和生物制造的明确目标》报告，报告涉及五大领域的具体目标，包括：气候、食品农业、供应链、大健康、基因生物跨领域，旨在推进美国本土的生物技术及生物制造，突出生物技术和生物制造带来的可能性，建立美国在创新、农业和生物质生产以及创业方面的独特优势。

二、未来物质的生物制造

生物制造（图 7）是一种利用特定生物体机能，如细胞或其组成部分作为催化剂，进行大规模物质加工与物质转化的技术。这一技术具有低碳循环和绿色安全的特点，被认为是工业可持续发展中最有希望的技术之一，这一点也得到了世界经济合作与发展组织的认可。

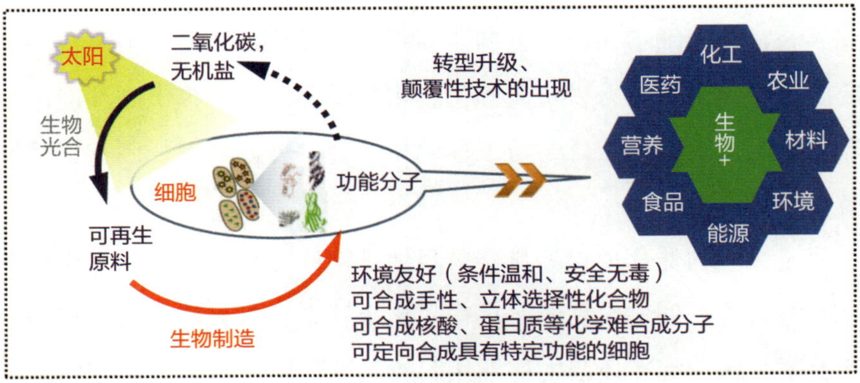

图 7　生物制造

生物制造的过程通常在阳光的照射下进行，因为生物质的生长依赖于太阳能。20 年前，“阳光经济”的概念被提出，这一概念强调了太阳能在经济发展中的重要性。目前，太阳能发电已经得到了广泛应用，中国在这一领域的发展尤为突出。

除了能源，生物质作为原材料在生物制造中也扮演着重要角色。通过生物制造技术，生物质原材料可以被转化为多种产品，应用于众多领域，这些应用的范围正在不断扩大。从全球治理的角度来看，生物制造有助于实现资源的公平分配，因为阳光作为一种普遍存在的能源，可缓解因分配不平等而造成的压力。

生物制造技术的推广和应用有助于减少对传统化石燃料如煤炭和石油的依赖，从而实现更加环保和可持续的能源和原材料供应。这不仅有助于减少碳排放，也是实现全球碳减排计划的重要途径。

生物制造是一种将生物科学与工程学相结合的前沿交叉技术，包括生物催化剂的创制、细胞应用过程优化与调控、生物制造过程集成与清洁生产，以及创新原料利用和新产品制造路线。生物制造过程是一个高度复杂化和系统化的集成过程，包括以下几个关键步骤。

第一，功能细胞的快速创制。创新生物催化剂的发现与改造技术为突破细胞生化代谢能力以及多样化生物化学品的合成提供高性能菌种资源。合成生物学将生命科学与工程学相结合，释放出生物制造物质的巨大潜能。

第二，生物催化过程强化。采用细胞特性、环境效应和工程科学等相结合的方法，创建生物催化过程强化新技术，以大幅提高生物制造过程的效率。这一步骤强调生物催化剂与人工环境之间的互适应性。

第三，过程集成与流程优化。建立生物加工过程的单元耦合、集成技术与配套装备，开发清洁生产和废物资源化利用技术，实现工艺流程的节能降耗减排。这一步骤旨在解决生物化学工程流程的复杂性、单元设备数量多以及废水排放量大等问题。

充分利用太阳能量，利用生物技术驱动“生物工厂”以服务于国家重大战略，助力中国从高速发展到高质量发展，是目前生物技术领域真正要走的路线（图 8）。首先是生产原料的变革，从煤炭、石油体系进入生物质能；其次是生产方式的转变，从原来化学、化工等高温高压体系转变为温和的方式；最后是实现绿色产品替代，服务于粮食安全、双碳目标、健康中国、美丽中国、可持续发展、乡村振兴等国家重大战略。总体而言，生物制造是能体现新质生产力的发展模式，能够满足人民日益增长的美好生活需求。

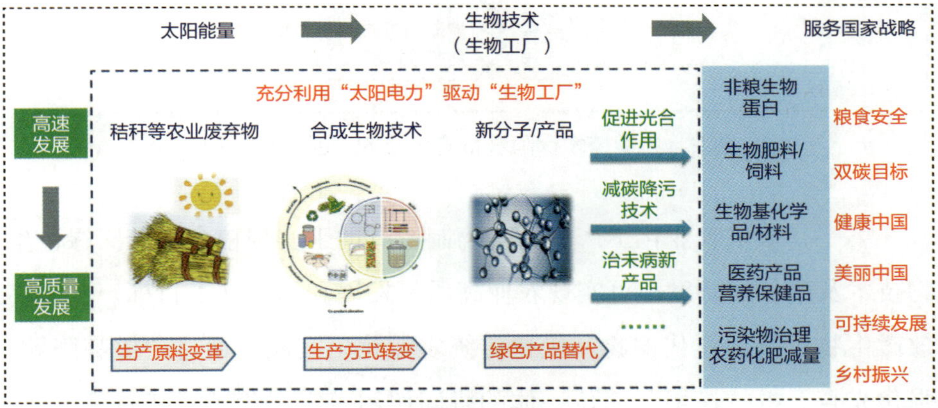

图 8　生物技术赋能国家重大战略

三、生物制造赋能高质量发展

（一）生物技术可保障粮食安全及农产品转型升级（图 9）

近年来，中国的粮食年生产量维持在 6 亿 ~ 6.5 亿吨，年增产率大约为 0.5%，每年增产量约为几百万吨，基本能够满足人口的温饱需求。

饲料用粮占总粮食产量的比重超过40%，达到3.4亿吨/年，存在较大的缺口。每年需要进口约1亿吨大豆，这对保障人民的美好生活构成了挑战。为应对这一问题，生物技术在保障粮食安全及农产品转型升级方面发挥着关键作用。生物制造技术及生物新分子可以变革传统农产品的生产过程及增产方式，降低农产品引发的面源污染，缓解粮食安全，促进乡村振兴。

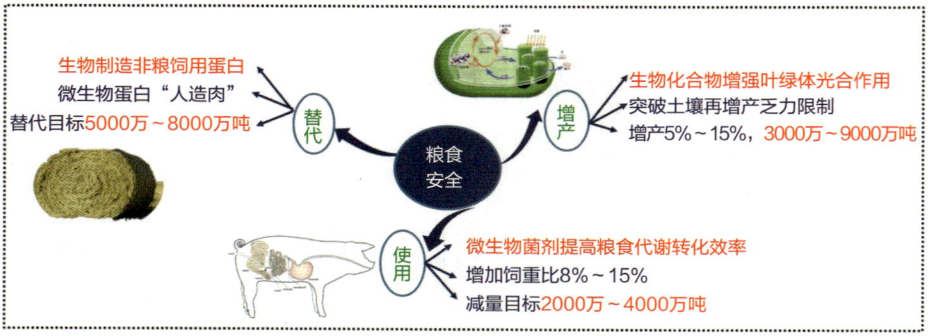

图9　生物技术保障粮食安全及农产品转型升级

第一，未来农业化工产品的生物制造有助于实现粮食增产。绿色生物技术及产品的研发，可实现农业高质量发展和固碳增汇目标。利用高效微生物及其活性代谢物，优化传统农业化工产品，通过“提高肥效、强化光合、抵抗逆境”三位一体的协同作用，实现化肥农药减肥增效。以利用生物技术提高光合作用效率为例，使用茉莉酸甲酯（JMCA）对叶面肥处理后，水稻的产量有显著提升，主要表现为籽粒数、饱和籽粒数显著提升，亩产量增幅达8.2%；马铃薯的早疫病防病效果达到38.1%，增产效果达46.8%。若按全国粮食单产提升8%～10%计算，通过生物技术的应用，预计可实现年新增粮食产量约6954.1万吨。

第二，生物技术可助力动物的健康养殖，增加饲料转化率，创建畜禽业减污、减碳、提升农产品质量的养殖新技术、产品及模式。利用微生物及其代谢物进行排泄物减臭、养殖环境治理；增强动物免疫和营养、改善肉质代谢品质；为健康养殖和肉类品质改善提供“治养一体化”的整体解决方案。以微生态菌剂助力养殖为例，微生物菌剂及其代谢物的使用，显著净化了动物生存环境，改善了品质，提升了养殖的经济性。无抗养殖降低了抗生素用量，显著提升了产肉率、产奶量等产量指标及产品品质。

第三，生物技术可推动饲料蛋白种植向非粮工业蛋白转变，实现饲用蛋白替代。以影响环境的草类、秸秆、蔬菜水果以及其他食品加工废弃物和中国有明显优势的无机氮（如氨水、尿素等）为原料，采用合适的微生物菌体和高效菌体培养技术，可实现饲料蛋白质的自给。

以酒糟等制造饲用替代蛋白为例，白酒糟属于我国特色蛋白资源，如果得到充分利用，可以节约近 1200 万吨的豆粕和 1800 万吨的玉米。

第四，生物制造可使动物蛋白养殖向生物制造蛋白转变，实现食用蛋白替代，有望推动农业生产新业态的出现，成为未来农业发展的新方向。通过生物制造技术生产非粮蛋白，将为大规模人工合成“粮食”提供新路径，该技术有望成为改变人类生存资源利用方式的最节约、环境最可持续的解决方案。以“人造肉”实现动物蛋白替代为例（图 10），生物技术可开发氨基酸组成和结构各异、功能不同的蛋白质，为不同人群提供多元化的产品，为精准营养和功能食品做出贡献。如果微生物蛋白替代牛肉供应的 20%，能够每年减少 56% 的森林砍伐和相关二氧化碳排放。

图 10　案例："人造肉"实现动物蛋白替代

（二）生物制造可促进工业制造绿色低碳发展（图 11）

以化石资源为基础的物质加工方式促进了现代文明的发展，但也造成了资源、能源与环境危机的加剧，给未来中国的可持续发展带来巨大挑战。生物制造可从原料来源、生产方式、生产新分子角度变革传统化工产品的生产及使用，促进化工可持续发展。

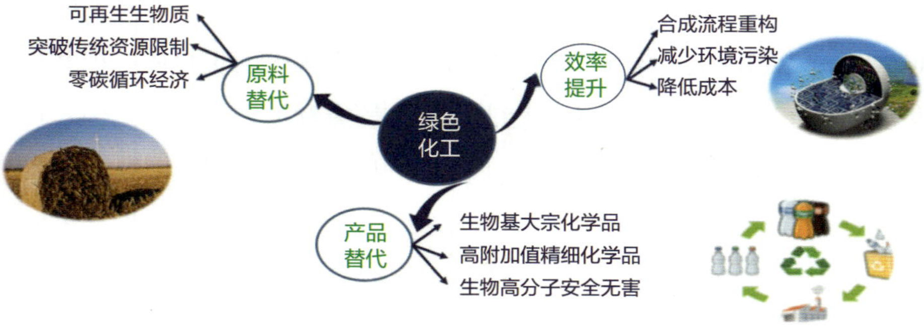

图 11　生物制造促进工业制造绿色低碳发展

第一，生物制造技术提供了生物基大宗化学品的绿色合成新途径。大宗化学品（如"三烯、三苯、一炔、一萘"）是生产各种有机化工原料和三大合成材料的基础原料，在国民经济中占据重要地位，全球年需求量达 5.1 亿吨。以生物法绿色合成乙烯为例，乙烯是产量最大的基本化工原料，是石油化工产业的核心，2021 年全球生物法绿色合成乙烯产量为 2.1 亿吨。全球主要生物基聚乙烯生产商包括巴西石化公司（已累计减少超 360 万吨的二氧化碳的排放）、美国杜邦公司、沙特基础工业公司等，日本三井化学公司逐步建设了生物乙烯工厂，并开发了生物基聚乙烯的生产工艺。生物乙烯大规模生产的成功，为乙烯的制造提供了新的可再生原料和新的生产方法，为传统化工的可持续发展提供了最有希望的样板。

第二，生物制造技术为生物精细化学品提供了高效合成新技术。精细化学品因其经济特性，在研发、生产过程中对应用技术及性能要求高。传统制备过程存在生产效率低下、环境污染严重的问题，生物制造高效合成技术有望实现精细化学品的生产过程重构。

以未来色素的生物制造为例，2021 年中国的染料市场规模为 76.9 万吨，产值为 670.5 亿元。色素在现代食品中应用广泛，但多数为有机合成，这类色素不仅缺乏营养价值，某些情况下还可能含有毒素。而自然界中的许多生物色素不仅具有营养价值，还具备一定的保健功能。例如，虾青素是一种红色的天然色素，具有极强的抗氧化能力，其还原力约为人工合成色素的 1000 倍。虾青素不仅色泽鲜艳，而且对人体无害，而古代胭脂红若过量摄入可能对人体有害。此外，传统黄色色素常含有毒性，但现代的生物色素具有积极的健康效益。随着现代生活中人们长时间使用手机等电子设备，眼睛疲劳问题日益普遍，摄入玉米黄素等天然色素可为眼睛提供保护。微生物合成色素工艺绿色环保、产品种类繁多，潜力巨大，未来可期。

第三，生物制造技术可直接合成生物基高分子材料特殊性能新产品。传统高分子材料面临着原料不可持续、碳排放过量、环境污染等问题，而采用生物基原料制成的生物基高分子材料可实现完全自然降解，生物相容性好（图 12）。用微生物直接合成塑料将成为未来塑料生物合成的方向。

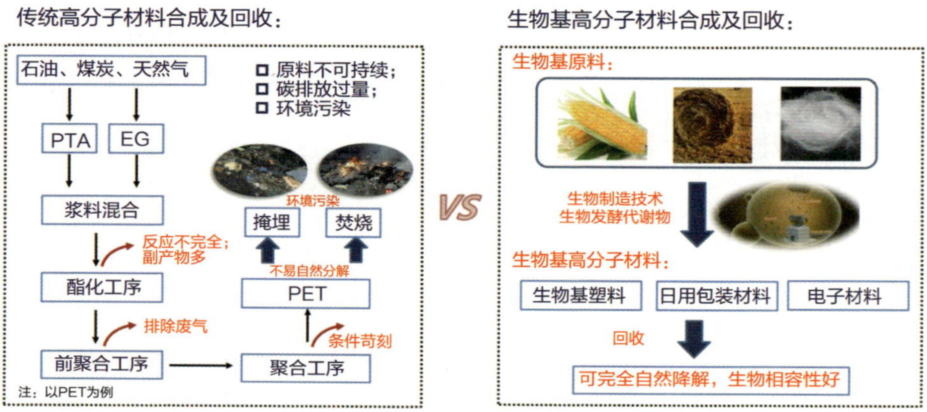

图 12　传统高分子材料与生物基高分子材料的合成及回收情况对比

以聚羟基脂肪酸的生物制造为例，聚羟基脂肪酸是一类由细胞直接合成的材料，具有良好的热塑性，可完全自然降解，生物相容性好，可医用。2021 年全球产能约为 3.6 万吨，主要产品为聚 -3- 羟基丁酸酯（PHB）、聚 -3- 羟基丁酸酯 -4- 羟基丁酸酯（P34HB）及新型生物高分子 3- 羟基丁酸酯和 3- 羟基戊酸酯的共聚物（PHBV）等。

（三）生物制造变革传统医药产品，推进健康中国建设

生物制造可从三方面推进健康中国建设：亚健康调节、衰老性疾病防治、重大疾病治理。结合传统中医药学，生物制造技术致力于开发具有“山珍海味”功效成分的产品，这不仅变革了传统医药产品，也为健康中国的建设提供了新的能量。当前，生物技术正在改变健康产品的生产方式。通过构建高效的微生物发酵菌株，可以实现天然产物和内源性营养物质的工业规模生产。对于部分的山珍海味和中药材，生产方式正

从农业种植向细胞工厂转变，这不仅提升了生产效率，保证了产品质量的稳定性，同时也减少了化肥和农药的使用。

当前，糖尿病已成为我国重要的公共卫生问题之一，糖尿病患者受制于血糖波动，经常吃不饱饭，由糖尿病衍生的并发症已经严重威胁健康。传统的糖尿病药物主要以促分泌胰岛素为主，难以解决血糖波动及并发症问题。我们亟须开发新的健康产品使糖尿病患者吃饱饭，帮助糖尿病患者缓解并发症。

此外，在当前的肿瘤治疗中，传统化疗药物存在较大的毒副作用，免疫检查点抑制剂类单用有效性差。而通过生物制造开发内源性新分子，有望开发新药物分子，实现抗肿瘤药物的减毒、增敏、提效。例如，通过生物制造合成天然功效分子，或经结构修饰改性而制成的复原片，可实现对肿瘤等衰老性疾病的防治。功效性验证实验表明，复原片在抑制肿瘤细胞的增殖、抑制 / 逆转癌细胞脑转移、协同放化疗增强抗癌效果、联合免疫治疗增强抗癌效果等方面具有一定成效。

总体来看，深入挖掘和制造中国传统滋补品中的功效成分，生物技术将有助于开发帮助人们活得更健康、更开心、更持久的“健康产品”。利用生物技术进行研发和生产，通过高浓度生物制造和分子结构修饰等技术手段提升生理活性物质的性能，从而增强其健康效益，将可使生物技术为“2030 年健康中国”作出贡献。

（四）生物制造赋能环保产业，推进美丽中国建设

当前，我国超过 39% 的水体和 20% 的耕地都受到了农用化学品污染，开发绿色新产品降低农业面源污染及开发新技术解决环境污染迫在眉睫。将生物技术与其他学科交叉融合，开发新的生物降解产品及智能化生物环保技术可变革传统环保技术，从而赋能美丽中国与绿水青山建设（图 13）。

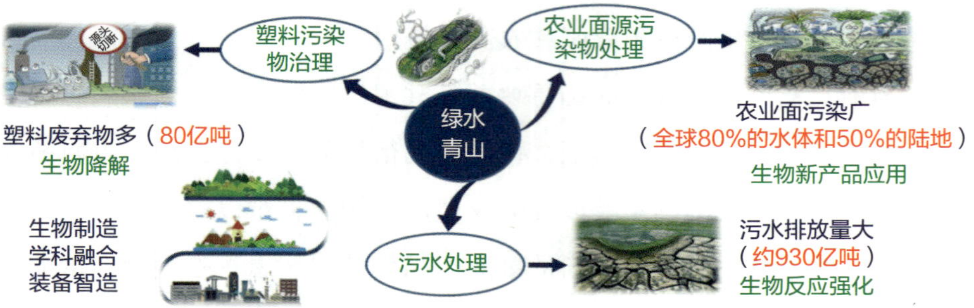

图 13　用生物技术创新守护好绿水青山

第一，基于生物解聚的塑料污染物治理技术。截至 2015 年，塑料全生命周期排放 18 亿吨二氧化碳，占全球碳排放量的 3.8%。截至 2020 年，全球产生塑料废弃物 80 亿吨，预计 2050 年全球塑料工业碳排放量将达到 65 亿吨。而生物降解技术可实现成品适用范围广、工艺简单、成本低廉、绿色、高效、安全的塑料降解。细菌、藻类、真菌等微生物分泌的酶，可促进塑料的劣化和降解，减少塑料垃圾的积累（图 14）。生物酶解聚技术将成为塑料废弃物降解、发展塑料的循环经济的新途径。

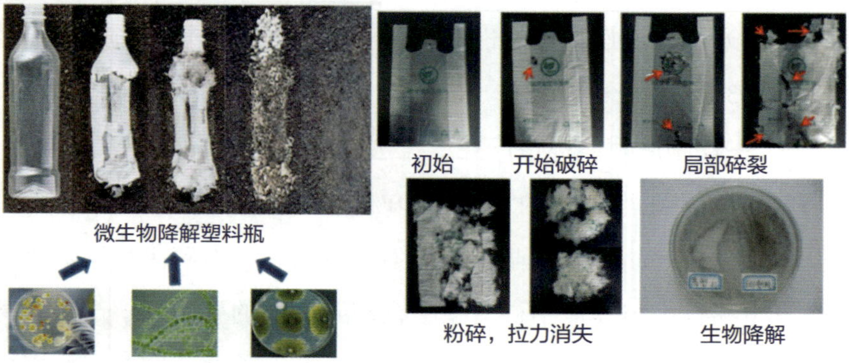

图 14　塑料降解过程

第二，农业面源污染治理技术。当前，全球 80% 的水体和 50% 的陆地面积受到农业面源污染的影响。中国农业化学需氧量、总氮、总磷排放量分别占总排放量的 49.8%、46.5%、67.2%。据统计，2021 年，我国 209 个重要湖泊（水库）中有 27.3% 处于富营养化状态。农业面源污染已成为水环境质量恶化和湖泊富营养化的重要原因。

以生物缓释肥聚谷氨酸为例，聚谷氨酸是由微生物发酵而成的生态肥料助剂，添加后的增效肥料利用率可由 30% ~ 35% 提高到 40% ~ 50%，作物平均增产 10% ~ 25%，根茎类作物增产 30% ~ 60%，在不减产的前提下可减化肥 20% ~ 31%，减水 50%，减农药 50%，大大减少土壤中的有害菌，改善土壤板结，在不休耕的状况下提高农业生产效率。目前推广应用面积累计 3 亿亩次以上。

第三，基于生物反应强化的污水治理技术。中国污水排放量逐年增长，2020 年，我国污水排放量约 930 亿吨。目前污水处理过程中环境污水治理水平低，工业污水规模大，而传统治理方案受限于工艺、场地、设备、微生物等，治理效能有限。将生物反应强化的理念引入废水处理中，可推动“三废”治理从挖地三尺到装备化、智能化、集约式转变。

以工业污水“集约式”处理新技术为例，通过厌氧氨氧化菌、生物除磷菌等微生物，配合同步短程硝化－厌氧氨氧化等新工艺开发，实现了高氮、高磷、高盐等难处理废水体系的颠覆式变革。污泥减少 60% ~ 80%，处理效率提升 2 ~ 4 倍，占地面积减少一半以上。

当前，以生物制造为基础的合成生物技术，正在推动新质生产力的形成。合成生物学作为一项颠覆性技术和前沿技术，将成为一条新的“黄金赛道”（图 15）。

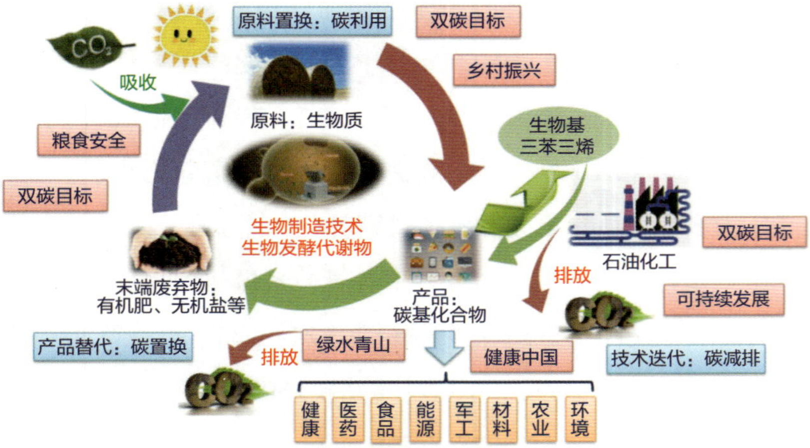

图 15　从生物制造到物质文明建设

生物制造不仅是一种具有环保特性的制造方式，也是推动国家战略实施和促进可持续发展的关键力量。随着技术的不断进步和应用的拓展，生物制造有望极大地丰富物质文明的建设，为社会带来更广泛的经济效益和社会效益。

互动环节

问题一：生物农药将会对未来农业产生什么影响？

观点一： 农药的过量使用不仅会导致农产品中的农药残留问题，还会对环境造成污染。中国作为农药的生产和使用大国，在农药使用量上与欧美国家相比存在较大差异。这一现状凸显了生物农药替代化学农药的必要性和紧迫性。

尽管生物农药具有较大的发展潜力，但目前尚未完全取代化学农药，原因主要有两方面。第一，认知水平。公众和农业生产者对生物农药的认知水平有待提高，需要更多的宣传教育来普及生物农药的优势和使用方法。第二，生物制造水平。需要进一步提升生物制造技术水平，以满足农业生产中对生物农药的需求。

为了推动生物农药的发展，产业界需要开发出更多具有选择性的生物农药，以应对各种病虫害的发生。同时，也要生产出更高质量、效果更好的生物农药，以满足现代农业生产的需求。

观点二： 生物农药的开发与自然界的生物因素紧密相关，这些因素是自然界进化的结果，对生态环境友好，与害虫之间存在相生相克的关系。生态平衡的维持是关键，而生物农药正是基于这样的自然原理。生物农药利用自然界中控制害虫的生物因素，结合有益微生物和防虫微生物，通过基因编辑等现代生物技术手段，开发出可以控制害虫的产品。自然界中广泛存在着具有杀虫防病功能的生物因素，我们需要做的是挖掘、筛选这些因素，并通过生物制造技术进行开发，从而创造出既环保又有效的生物农药。这种农药的开发和应用，不仅减少了对环境的压力，也提高了农产品的安全性，符合可持续发展的理念。

问题二：生物制造从科研走向产业的关键在哪里？

答：生物制造从科研走向产业的关键主要是两点，解决做什么以及怎么做的问题。

第一，解决做什么的问题。

在进行研究和开发工作时，我们采取了明确的定位策略，专注于解决产业中迫切需要的产品和技术问题。我们所处的环境为我们提供了良好的氛围和支持，考核导向不以发表论文为标准，这让我们能够更自由地从事自己感兴趣的研究工作。在选择研究课题时，我会首先进行企业调研，了解企业的需求和期望。在寻找研究点时，我不仅关注科学问题，也关注产业实际需求。

在生物制造领域，特别是化工化学品的替代方面，有很大的发展空间。化工行业是一个成熟且成本效益高的行业。生物制造已有 30 ~ 40 年的发展历史，之前被称为基因工程，现在则被称为合成生物学或生物制造。尽管生物制造具有资源可再生和绿色环保的优势，但其成本相对较高，这是其在与传统化工制造竞争时的主要劣势。

目前，生物制造可能正处于一个快速发展的阶段，主要是因为在成本效益上发生了质的变化。在选择研究课题时，我们集中有限的资源和人力，优先解决那些在成本上最有可能实现突破的问题。我们对数万种化学品进行了全面的梳理，筛选出几十种在理论上有可能在成本上与传统化学制造相竞争的产品。我们首先对这些产品进行研究，这就是我们解决“做什么”问题的方法，即专注于那些最有可能在成本上超越传统生产路线的产品。

第二，解决怎么做的问题。

在解决“怎么做”的问题上，我们课题组采取了科学、技术、工程三者融合的独特方法。在这个过程中，技术发挥着核心作用，我们致力于将技术做到最好。以生物制造为例，我们在完成产品分析后，锁定了那些在成本上最有可能与传统化学路线竞争的几十种产品。接下来，我们深入研究细节，从成本角度反推，力求实现比化学路线更低的成本。在微生物制造中，产量、转化率和生产速率是决定生产成本的三大关键指标。其中，转化率尤为关键，因为它直接影响原料成本，而原料成本通常占到总成本的50%。目前，糖是使用最广泛的原料，例如玉米淀粉糖。能源成本占30%，涉及发酵过程中所需的能量、电和蒸汽。剩余的20%是其他成本。为了降低成本，我们首先设定目标，力求达到自然界理论上的最大转化率。这是我们研究的第一阶段。

第二阶段，我们计划突破自然限制，尽管这在当前的几十种产品中相对容易实现，但我们的目标是达到理论最大值。尽管这些产品的生产路线已经存在，但要达到理论最大值的路线尚未开发，因此我们致力于创新，而非简单重复前人的工作。在生物制造中，我们希望采用厌氧形式，与传统的耗氧发酵过程不同。传统过程中需要通气以促进微生物细胞生长，将原料转化为产品。我们的理念是尽可能让微生物在不消耗营养的情况下进行生产，即在微生物的生长和生产之间建立一种竞争关系。我们希望微生物能够将全部能量投入生产中，而不是自身的生长中，也就是使用尽可能少的细胞量来完成生产任务。通过这种方法，我们希望能够开发出成本效益更高的生物制造过程，从而在生物制造领域取得突破性进展。

问题三：未来 5 ~ 10 年内，最有发展前景的生物制造产业领域会是什么？

答： 在未来 5 ~ 10 年内，生物制造产业领域中最有发展前景的可能会集中在以下几方面。

一是传统行业的升级。我国轻工行业的发酵过程，规模已达 300 万吨，存在巨大的效率提升和成本降低空间。由于生产线已经建立，一旦技术上取得突破，无须增加额外投入即可实现净利润增长。

二是能源化工新产业。从体量来看，能源化工是生物制造产业的核心应用领域之一。然而，能源化工产品面临着与石油价格竞争的挑战，这可能是一个难点。化工材料领域被认为是生物制造产业发展的主要方向。

三是食品和营养保健品。食品和营养保健品领域也是一个有潜力的赛道，但该领域可能面临法规方面的挑战。过去一段时间内，转基因技术曾受到质疑，当前的生物制造技术虽然是通过改造微生物生产产品，却与转基因技术有本质区别。生物制造中使用的微生物类似于农业工具，它们不是最终被消费的产品，而是生产工具。消费者实际上消费的是微生物生产出的产品。尽管如此，过去一二十年中，通过生物制造技术生产的食品和保健品在法规审批方面一直面临困难，这限制了该领域的发展，但我个人认为这依然是一个很大的赛道。

中国科技会堂论坛第三十三期

商业航天：太空领域新赛道

导读

近年来，世界各主要国家都将商业航天视为关乎国家战略与国家利益的新兴产业，航天大国在国际航天市场上的竞争日益加剧。

我国自 2015 年明确鼓励民营企业发展商业航天以来，开启了航天向政府主导与市场推动相结合的转变进程，已初步形成以基础制造和产品研发为主导的商业航天1.0时代。当前，在产业需求爆发的市场背景和政策支持下，中国商业航天正由 1.0 时代向应用牵引、市场主导的 2.0 时代加速布局。

未来，中国商业航天将如何与传统航天协同发展？在大国太空领域的战略竞争中，商业航天将起到怎样的作用？

主讲嘉宾

王建宇

中国科学院院士，中国科学院技术物理研究所研究员。长期从事空间光电系统、信息获取与处理技术研究，主持多项国家重大项目，负责我国量子科学实验卫星工程系统和探月、载人航天等重大工程中多项光学有效载荷的研制。先后获得国家技术发明奖二等奖、国家科学技术进步奖二等奖等。

杨毅强

中国科学院力学研究所空天飞行科技中心主任，中科宇航技术股份有限公司董事长、总裁。曾任我国首型空射运载火箭首任总指挥、固体运载火箭“长征十一号”首任总指挥。

互动嘉宾

宋凤麒 南京大学物理学院教授、原子制造物理实验室负责人。长期从事团簇物理、拓扑低温输运和原子制造技术研究。

方雅珂 华为技术有限公司海思技术规划部前沿技术总监。致力于硬件工程技术领域研发、合作与规划工作，覆盖无线通信设备、智能终端产品及高性能集成电路芯片等多个业务领域。

主讲报告

商业航天的挑战与我们的机遇

主讲人：王建宇

一、航天进入商业时代，市场的规律将不可逆转

商业航天的产业结构呈金字塔型，从顶部的卫星与火箭制造产业到底部的地面应用和互联网服务，规模逐级扩大。未来，商业航天真正的效益和产业潜力集中在底部应用层，但若缺乏顶部的技术基础，也谈不上底部的应用。当前，商业航天时代已经来临。据美国航天基金会统计，2020 年全球航天经济总量达 3835 亿美元，其中商业航天收入约 3073 亿美元，占全球航天经济总量的 80.1%。

根据知名航天咨询公司欧洲咨询（Euroconsult）发布的《政府航天计划：基准、剖面与 2028 预测》报告，2018 年世界各国政府的航天投资中，中国以 58.3 亿美元位居第二。同年，美国航天投资额占全球政府航天总支出的 58%，而 21 世纪初美国的份额曾高达 75%（图 1）。

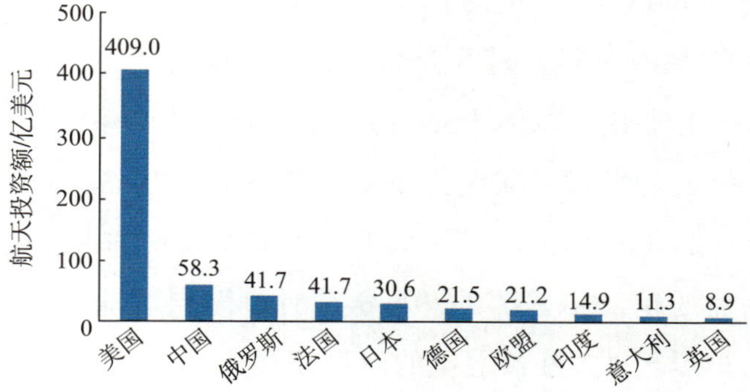

图 1　2018 年世界各国政府的航天投资情况

近年来，美国航天领域面临着航天设施长期稳定运营的挑战，同时政府经费投入缩减，而新技术研发还要继续投入。为解决这一问题，美国航空航天局（NASA）希望引入商业航天公司，通过采用更具创新性的理念和大胆使用新技术，实现更快速、低成本、高质量的发展。这一战略决策有效促进了美国商业航天的高速发展。

商业航天，是采用市场化机制以获取商业利润为首要目标而开展的航天活动。与传统航天相比，商业航天同样具有高技术、高投入、高风险的特点，但更强调经济性和市场性导向。2001年，美国发射了世界上首颗提供亚米级分辨率的商业卫星 Quickbird，改变了此前卫星都是由国家主导发射的局面。此后，商业航天公司逐渐承担起天地往返飞行器、运载火箭等研制任务。美国从超前布局开始，逐渐实现政府的角色转换，最后全面实现航天商业化。一批商业航天头部公司纷纷涌现，NASA 也逐步实现从建造运营到采购服务的角色转换。

当前，国外商业卫星公司快速发展。高轨方面，欧洲“欧卫通连通－甚高通量”（Eutelsat Konnect VHTS）商业通信卫星成功部署，在轨最大单星容量提升至500Gbps。低轨星座保持常态化部署，美国 SpaceX 公司“星链（Starlink）”星座发展进度在全球大幅领先。截至2023年11月，“星链”星座累计发射118批次，卫星总数达5376颗。英国“一网（OneWeb）”星座在轨卫星数量为618颗。加拿大“光速（Lightspeed）”星座受供应链和资金制约而缩减规模，进展缓慢。俄罗斯通过国家统筹加快“球体（Sfera）”多轨道多功能系统建设，首颗中轨试验卫星已成功发射。欧洲公布主权星座正式方案——“卫星弹性、互联和安全基础设施（IRIS2）”，旨在提升安全通信的自主可控能力。

值得一提的是，SpaceX 的“星链”计划开启了通信新变革：计划逐次加码，扩展至4.2万颗卫星的巨型规模；创下“一箭60星”的发射纪录；成功在轨测试“星链”卫星的高速、低延迟激光通信技术。

2022年年底，"星链"升级为"星盾（Starshield）"，并获批新增7500颗卫星，正式进入美国军方应用。"星盾"将利用近地轨道上的"星链"卫星星座，满足美国国防和情报机构的特定需求，初步聚焦以下3个领域：地球观测、安全通信和有效载荷托管。

自2015年起，我国陆续推出了支持商业航天发展的政策措施，并将卫星互联网纳入新型基础设施建设（简称新基建）范畴，开启变革与机遇并存的新阶段。2021年3月，《中华人民共和国国民经济和社会发展第十四个五年规划和2035远景目标纲要》发布，明确提出打造"全球覆盖、高效运行的通信、导航、遥感一体化卫星系统"。各地方政府在地方"十四五"规划中积极响应，出台政策鼓励和支持相关产业发展。2020年11月，中国"GW星座计划"正式确认，中国向国际电信联盟提交了两个巨型卫星星座，总共两阶段7组共12992颗宽带通信卫星的轨道和无线频段使用申请。2021年4月28日，中国卫星网络集团有限公司成立，标志着中国卫星互联网事业吹响出发号角。同时，银河航天、吉利科技集团、星空智联、华为等民营企业积极布局自己的天基互联网星座。2022年我国各类型商业航业企业数量占比如图2所示。2023年，我国发射多颗卫星，其中就有一些商业卫星公司部署的项目，包括"高景一号"卫星群、"吉林一号"卫星群、"北京二号"卫星群、"珠海一号"卫星群等。

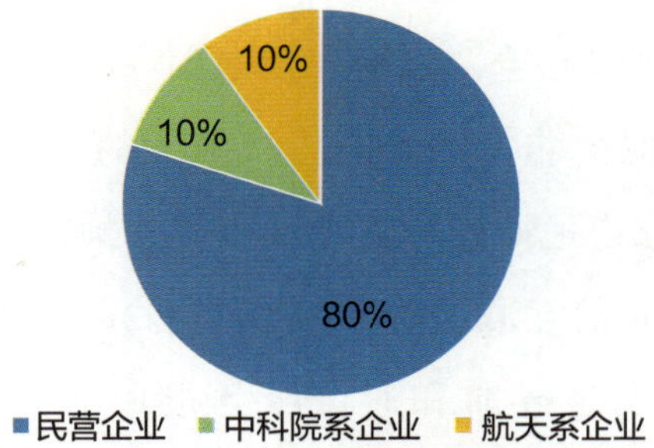

图2　2022年我国各类型商业航天企业数量占比

在政策和资本的双重驱动下，全球卫星通信市场规模稳步提升。根据前瞻产业研究院援引美国卫星产业协会（SIA）发布的《2022年卫星产业状况报告》数据，2021年全球卫星通信市场规模达1816亿美元，2017—2021年复合年均增长率（CAGR）达到11.98%。中商产业研究院预测，中国卫星互联网市场规模有望自2021年的292.48亿元增长至2025年的446.92亿元。

二、理念创新是根本，技术创新是发展的源泉

此前，太空探索技术公司计划于2019—2024年在太空搭建由约1.2万颗卫星组成的“星链”网络提供互联网服务，远期目标扩展至4.2万颗，其中1584颗将部署在地球上空550千米处的近地轨道，并从2020年开始工作。马斯克希望这些卫星能够承载全球互联网流量的50%，SpaceX则通过收取相关的服务费盈利。这一振奋人心的“星链”计划被寄予厚望，但能否做到击垮传统电信运营商、改变世界的伟大壮举，还有待观察。

空间通信互联网是商业航天的重要切入点。从几颗、十几颗卫星组网到上万颗卫星组网，可实现从单颗研制到批量制造，从单一任务到长期任务。同时，空间通信互联网是互联网的重要组成部分，将从地面的补充变成不可或缺的系统。从国家战略需求来看，空间通信互联网的构建涉及围绕空间资源的竞争。轨道、频率等资源有限，如果不能提前布局，后续再想进入就会非常困难。传统航天的最终用户基本上都是政府，比如遥感、国家土地调查、灾害调查等对地观测服务，基本都是由政府买单。但空间通信互联网的最终用户肯定不仅仅是政府，而是市场，是千家万户，定位导航和通信服务很大部分将面向个人消费者（ToC），而非面向企业或组织（ToB）。

但要搭建空间通信互联网并非易事，以 SpaceX 为例，为了研究可回收火箭制造技术，SpaceX 的 3 次试验都以失败告终：第一次（2015 年 1 月）单纯为了测试让火箭直接掉到了海里；第二次（2015 年 4 月）使用了海上平台，但火箭直接倾覆后爆炸在平台上；第三次（2015 年 6 月）直接在空中爆炸。直到第四次，马斯克的试验才成功。

过去，中国航天让我们引以为傲的地方，在于我们的火箭发射成本全球最低，这背后既有技术创新的原因，更多的也是源于当时的人力和资源成本等较低。但目前，SpaceX 研制的火箭无论是低轨发射能力，还是高轨发射能力，所有的指标在全球都是领先的。SpaceX 火箭发射成本较低，在于一次火箭发射任务能搭载多颗卫星、火箭可回收（图 3）重复使用。中国的商业火箭研发也有一些进展，如 2023 年 7 月 12 日，民营商业航天公司蓝箭航天研制的“朱雀二号”遥二液氧甲烷运载火箭发射成功，成为全球首枚成功入轨的液氧甲烷火箭。

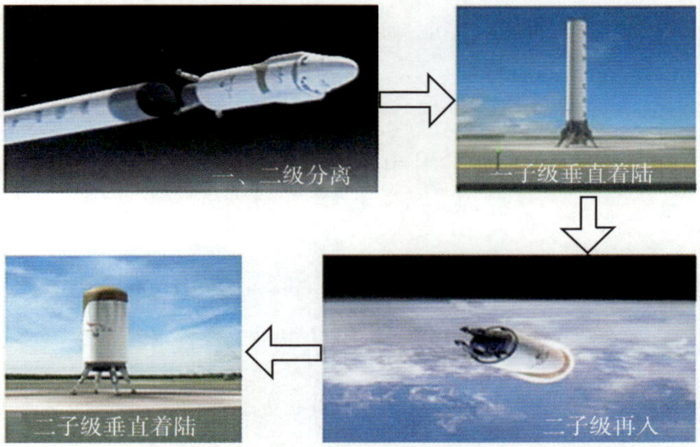

图 3　可回收火箭技术示意图

从卫星的批量制造技术来看，目前商业航天公司 SpaceX 和 Oneweb 均已实现卫星生产的自给自足。SpaceX 在 2023 年 7 月下旬的一次简报中表示，“星链”每月建造120颗卫星，以此计算，SpaceX日产卫星4颗，一年可生产1440颗。还在破产重组中的Oneweb于2023年8月22日在哈萨克斯坦境内的拜科努尔发射场发射了一批34颗组网卫星，Oneweb在轨卫星数量达288颗。目前像造汽车一样造卫星可能还不现实，但像造飞机一样造卫星已完全成为可能。从前，卫星并不是真正的工业产品，充其量是高科技的工艺品，每一颗卫星都由科学家、工程师一个部件一个部件人工组装而成。以前发的卫星没有两颗是一模一样的，这颗做好，那颗发现问题再改一改，越来越好，这样一来，造星的成本非常高。降低卫星价格一定要靠批量化技术，真正把高科技工艺品变成流水线生产的工业品。中国商业卫星的先行者长光卫星，通过22次成功发射实现108颗“吉林一号”卫星在轨运行，建成了目前全球最大的亚米级商业遥感卫星星座，预计2025年实现138颗卫星组网。

“手机直连卫星”的概念越炒越热，并于2022年产生突破性进展。2022年8月，SpaceX公司宣布未来将通过“星链”二代卫星为美国电信运营商T-Mobile的用户提供手机连接服务；9月，苹果公司iPhone14手机已具备基于全球星（Globalstar）卫星通信服务的“紧急求救”功能。此外，美国多家初创公司也在开发“手机直连卫星”星座。2022年9月，AST空间移动公司（AST SpaceMobile）发射原型卫星“蓝行者-3（BlueWalker-3）”；同年11月，该卫星在轨展开面积为64平方米的大型平面天线，并计划开展手机直连卫星技术试验。

“星链”采用了众多核心技术（图4），其中有一个特别重要的技术是什么呢？传统卫星都是方方正正展开，或者是圆形，现在为了一次能发射许多卫星，把卫星设计成了扁平形。SpaceX的“星盾”计划以全栈式端到端优化设计、低成本批量化研制部署、快速迭代更新能力，将进一步加快美军太空体系建设速度，有望颠覆太空发展以两年为一个阶段的脉冲式建设步伐。零信任网络、信任因子可调传输协议、单向透明网络二极管等网络安全技术突破后，更会进一步打破美军太空体系核心与外围边界划分，推动美军、民商太空系统从异构互联向卫星级、载荷级深度融合发展。

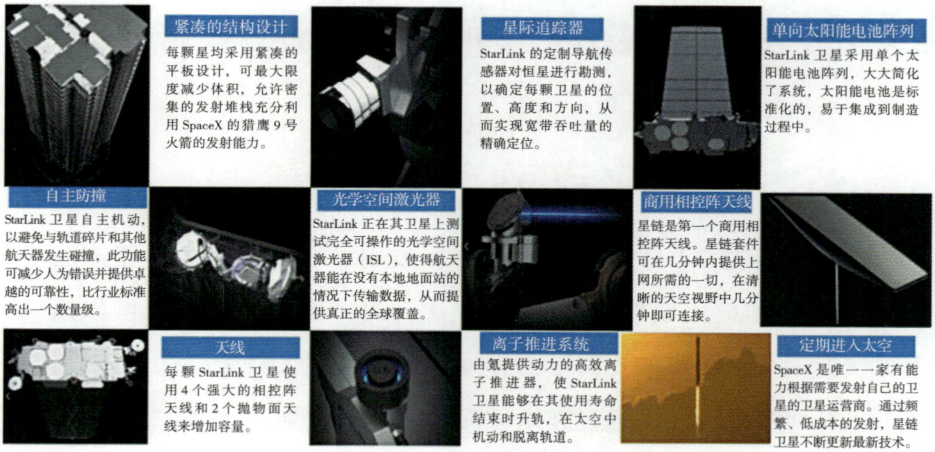

图 4　“星链”采用的关键技术

之前，大家并没有如此重视“星链”计划，认为它是民用的。直至俄乌战争爆发，大家才发现“星链”在战场的应用潜力巨大。“星链”系统在俄乌战场上主要有以下两方面用途。一是可为乌克兰政府、国防体系和关键基础设施部门提供互联网连接的冗余网络支持。在地面互联网中断的情况下，乌克兰政府和平民都可连接到“星链”互联网，满足其基本通信需求。二是可为无人机攻击提供目标指示。乌方无人机的“空中侦察”一直被用于打击俄罗斯坦克部队。乌克兰在互联网和电力中断的情况下，或是在野外或者网络连接条件较差的城区，无人机通过使用“星链”卫星保持通信链路并提供情报，可定向投放反坦克炸弹，进行攻击或者实施目标引导。

可以看到，“星链”对国家安全、战争应用用途非常大。20世纪80年代，星球大战通过空间对抗，后来到空间卫星对抗，现在有了类似“星链”的计划以后，这件事情就变得非常简单了。几千颗在轨卫星都有轨道改变的功能，若是在某个时刻改变它们的轨道，卫星就完全变成武器了。SpaceX曾做过卫星突然改变轨道接近欧洲空间站的测试。这么多卫星，从某种意义上来说，就相当于埋在轨道上的定时炸弹。

三、管理模式创新，是商业航天快速、稳健发展的保障

1970年4月24日，“东方红一号”发射，我国航天工业正式起步。2021年，我国航天发射次数达到55次，当年发射次数位居世界第一。中国航天工业在国家的支持下高速发展，已在载人航天、探月工程、高分辨率对地观测、应用卫星技术方面取得多项成果。

政策支持是中国商业航天出现的必要条件，从2012年起，我国航天国家政策从“封闭或管制”走向开放，从鼓励引导走向规范发展。2015年，中国商业航天起步。

传统航天模式与商业航天模式完全不同，从研发周期来看，传统航天研发循序渐进、研发周期长，需要经过预研验证原理，验证关键技术，进行系统演示，研制模样、初样、正样等多个阶段。而商业航天缩短了研发周期，致力于寻找成熟技术，实现快速移植。从追求目标来看，传统航天为确保成功，不惜人力物力，而商业航天精干高效、效益为先，重在提高效率，获得经济利益。

传统航天依赖政府资源发展，成本不断上升：传统国有企业队伍庞大、负担沉重；管理环节复杂，效率不高；专用元器件，价格昂贵；总体上，航天产品价格是地面装备的10倍以上。商业航天发展依托市场

资源，要求成本比传统航天模式下降一个数量级，那商业航天是如何做到的呢？其一，创新制造模式，精简队伍；其二，引入大规模生产模式，利用工业级器件，大幅度降低成本；其三，目前，市场将卫星成本目标设定在千万量级或更低。

从传统航天到商业航天，意味着从追求核心指标转变为追求合理条件下的低成本，并且根据商业需求追求盈利。其一，生产方式从单件产品的研制转变为工业化生产、规模化生产。其二，以提高技术指标的创新转向以低成本的创新，包括以下方面：①目标创新，即不追求指标最高，以适合于应用为目标；②系统创新，从复杂的大卫星向小卫星组网发展；③观念创新，从一次性使用向循环利用转变，如火箭可回收重复使用。其三，从技术创新为主转向以管理模式创新为主，更强调系统的管理，以提高效率。其四，研发生产机构模式上也有创新，原来航天研发生产都由国有体制内机构承担，现在逐渐转向混合性体制，国家投入与资本市场相融合，甚至有完全民营体制，尽管目前民营企业的力量还是比较弱小。

2023 年，商业航天企业的融资量又创新高。2023 年中国商业航天企业百强榜显示，本年度榜单第一梯队入围门槛仍为 100 亿元，共有 21 家企业上榜，与 2022 年的 20 家（表 1）相比，本年度第一梯队企业数量有所增长，这也表明 2023 年中国商业航天依旧是备受资本关注的热门赛道，部分商业航天创企的估值创下新高。据泰伯智库不完全统计，2023 年百强企业的估值（市值）总额为 6403 亿元，比 2022 年增长 21.76%。随着空天地网络一体化的加速构建，一批初创火箭公司将加速商业发射或试射计划，卫星及火箭头部创新企业代表有望实现 IPO 上市。从 2023 年百强企业的地域分布来看，排名前 5 名的分别是北京、广东、上海、陕西和四川。其中总部所在地位于北京市的企业共有 51

家，占据全部企业数量的一半以上，其次是广东省8家，上海市、陕西省和四川省以6家企业上榜并列第3位。

表1　2022年中国商业航天企业百强榜第一梯队

序号	公司全称	市值或估值/亿元（人民币）	主营业务	总部所在地
1	中国卫通集团股份有限公司	731.24	通信软件平台、通信终端、卫星通信应用	北京市
2	广州海格通信集团股份有限公司	318.92	卫星导航应用	广东省
3	中国东方红卫星股份有限公司	305.32	卫星总体、卫星应用	北京市
4	航天时代电子技术股份有限公司	254.38	卫星配套、火箭配套、卫星测控	湖北省
5	北京天兵科技有限公司	180.00	火箭总体	北京市
6	中科星图股份有限公司	179.78	遥感软件平台、卫星遥感应用	北京市
7	北方导航控制技术股份有限公司	175.90	导航终端	北京市
8	北京北斗星通导航技术股份有限公司	171.85	导航软件平台、卫星导航应用	北京市
9	上海华测导航技术股份有限公司	168.59	卫星导航应用	上海市
10	北京华力创通科技股份有限公司	161.23	通信终端、卫星导航应用	北京市
11	北京星河动力航天科技股份有限公司	150.00	火箭总体	北京市
12	千寻位置网络有限公司	130.00	卫星导航应用	上海市
13	成都振芯科技股份有限公司	128.89	卫星导航应用	四川省
14	长光卫星技术股份有限公司	124.00	卫星总体、卫星遥感应用	吉林省
15	北京星际荣耀空间科技股份有限公司	120.00	火箭总体	北京市

续表

序号	公司全称	市值或估值 / 亿元（人民币）	主营业务	总部所在地
16	浙江时空道宇科技有限公司	120.00	卫星总体、卫星导航应用	浙江省
17	航天宏图信息技术股份有限公司	110.33	遥感软件平台、卫星遥感应用	北京市
18	广州中科宇航探索技术有限公司	110.00	火箭总体	广东省
19	蓝箭航天空间科技股份有限公司	110.00	火箭总体	北京市
20	银河航天（北京）科技有限公司	110.00	卫星通信应用	北京市

四、对商业航天产业发展的几点思考

卫星互联网很早就纳入了我国的新基建。发展我国自主的卫星互联网系统，是占据空间信息网络发展制高点、实现网络强国战略目标的重要举措，是构建国家重大能力、维护空间资源和地位的集中反映。从国家战略层面来看，党的二十大报告指出要“加快构建新发展格局，着力推动高质量发展”，并强调“建设现代化产业体系，加快建设航天强国”。在顶层规划方面，国务院印发的《“十四五”信息通信行业发展规划》明确提出加快布局卫星通信，推动高轨卫星与中低轨卫星协调发展，构建覆盖全球、天地一体的信息网络，支持空间信息基础设施的创新发展。针对商业航天，国家、地方都出台了相应的支持政策和规划。2023 年中央经济工作会议提出：“打造生物制造、商业航天、低空经济等若干战略性新兴产业，开辟量子、生命科学等未来产业新赛道，广泛应用数智技术、绿色技术，加快传统产业转型升级。”各地也都出台了相应的政策，如《上海市促进商业航天发展打造空间信息产业高地行动计划（2023—2025年）》《北京市加快商业航天创新发展行动方案（2024—2028年）》《江苏省航空航天产业发展三年行动计划（2023—2025年）》《山东省航空航天产业发展规划》。

目前，我国商业航天面临四大机遇。第一，国际上商业航天的快速崛起，倒逼我国航天体制改革，国家对航天工业的开放，给体制内、外的企业都带来了前所未有的机遇；第二，航天事业国家行为走向商业化，市场规模正在高速提升，一个新的产业正在崛起，吸引越来越多的企业投身这一新机遇；第三，航天产品的价格快速下降，对传统体制内的机构构成巨大压力，也给民营企业带来了不可多得的机遇；第四，商业航天成功与否，供应链至关重要，目前供应链还未建立，这是航天企业，更是民营企业难得的机遇。

但发展商业航天并不容易，我们还面临四大挑战。第一，市场挑战。商业航天的模式正在建立之中，这是民营企业的长项，要努力创造市场。部分市场一开局就非常“卷”，比如星网发布一个任务，会有几十个企业参与竞争。商业航天的市场到底在哪儿？SpaceX之所以能发展得如此好，除了空间互联网本身的潜力，背后还有美国政府和NASA的支持，更多的还是从战略意义上考虑的。第二，成本挑战。商业航天的成本要求和传统航天的成本是数量级的差别，只有真正实现工业化生产，完成供应链建设，才能形成产业。但目前商业航天的供应链缺乏，产品质量不稳定。第三，技术挑战。航天是一项高门槛的技术，没有创新、没有人才很难脱颖而出。指标的提高靠技术创新，成本的降低也需要靠技术创新。第四，质量挑战。航天产品的不可维修性是航天商业化难点之一，尽管可靠性的要求正在发生变化，但质量还是航天的生命线。

主讲报告

我国商业航天的发展现状和趋势

主讲人：杨毅强

一、什么是商业航天？

航天事业起源于导弹工程。“俄罗斯航天之父”康斯坦丁·齐奥尔科夫斯基提出了火箭、导弹的基本原理；美国物理学家罗伯特·戈达德研制出了第一枚太空火箭；第二次世界大战后期，德国出身的美国火箭专家韦纳·冯·布劳恩研制出了第一枚 V–2 火箭导弹。直至目前，所有的导弹、火箭研发遵循的基本原理还是与 V–2 火箭导弹一致，没有特别大的变化。

谈到航天发展的基本路径，苏联和美国都是以洲际导弹为基础通过改进发展出运载火箭，进而发射卫星。1957 年 10 月，苏联发射了世界上第一颗人造卫星“斯普特尼克 1 号”。由于苏联第一颗人造卫星上天后，美国压力很大。时任美国总统艾森豪威尔凭借自身在军方的巨大影响力，组建了 NASA。

1956 年 2 月，钱学森向党中央、国务院呈递了《建立我国国防航空工业的意见书》，确定了中国航天事业的技术发展之路，提出将科研设计和生产机构分为从事长远及基本研究的机构、设计研究机构以及一系列生产工厂。我国航天事业发展依循两个脉络：其一是以工业部门为主，中国运载火箭技术研究院仿制了“东风一号”导弹（图 5），随后又自主研制了“东风二号”“东风三号”“东风四号”“东风五号”导弹，形成了从 600 千米射程到 10000 千米射程的液体弹道导弹系列。其二是中国科学院力学研究所从“581”任务开始成立第一设计院，由郭永怀先生任院长，杨南生任副院长，王希季任总工程师，研制氢氧发动机和探空火箭，并论证了“长征一号”运载火箭方案。1967年，转由中国运载火箭技术研究院负责研制“长征一号”火箭。同年，以中国科学院相关研究所及下属工厂为主体，组建了中国空间技术研究院，主要负责飞船、卫星等航天器的研制工作；同时第七机械工业部（后改组为航天工业部）则专注于运载火箭的研发。中国科学院负责一些航天的基础科研工作。1970年，“长征一号”将中国第一颗人造地球卫星“东方红一号”成功送入太空，中国航天之路由此开启。

图5 “东风一号”导弹

通常而言，航天被分为军事航天、民用航天与国家重大工程。其中，军事航天一直是我国航天的主体。现在，提出了“商业航天”的概念。商业航天是以市场机制配置资源，以企业为主体，以盈利为目的，按照市场规律，以航天产品开发、系统运营、应用服务为核心的航天活动，已成为国家战略性力量。

传统航天与商业航天有何区别？从发展时代来看，传统航天建于国内基础工业薄弱的20世纪五六十年代，商业航天从20世纪七八十年代的国际间航天合作开始。从发展模式上说，传统航天继承了苏联的科研生产联合体模式，优点显著，“小而全”和相对封闭，发展迅速，质量和进度得到有效保障。但也存在不少问题，不利于专业向更深、更精细发展，导致后期研发成本较高，周期长，技术进步慢。商业航天面向商业需求，利用市场规律来合理配置资源，促进技术和产业迅速迭代。具体表现上，传统航天以定制化为主，产品化、货架式程度不高；产业链相对固化，关注核心竞争力和市场价值少，难以用市场竞争来促进技术进步和产业链优化；主要依托国家、军队重大项目牵引技术发展和创新，将知识产权转化为市场应用的动力、机制不足；多以向军方、政府申请超预算或涨价来保护自我，受市场影响力较小。商业航天在制造上朝着通用化、产品化、货架式方向发展；产业链上，承制单位可选性多，研制方式多样化，产品采购全球化、货架式；用市场、价值规律优化产业链，缩短流程，降低成本，形成竞争优势；面向用户和商业市场的需求，关注细分领域的价值创造，使得产业相关环节或领域的技术得以加快发展和成熟；把知识产权视为资本，并转化为利润效益，核心技术人员可以通过技术实力获得相应的股权，从而吸引了传统航天许多技术人才。

经过多年发展，航天行业呈现出以下新的变化趋势：从服务国防、探索太空向服务人类、促进国民经济增长发展，从特定用户需求向市场多元化需求发展，由小众市场向大众市场转变。航天科技从技术专属向引领社会科技发展转变，与其他跨领域学科融合发展；航天技术与产品，将逐步实现技术专利市场化、产品货架式市场化。政府、军方、科研机构等用户由特定专属采购转为从市场购买服务，国防装备体制已经开始打破传统行业主导装备研制的固有格局，全方位引入了开放竞争机制。运载火箭从导弹专属技术向低成本进入空间技术发展，满足市场各类需求。

二、美国商业航天的发展

美国商业航天诞生较早，与传统航天几乎同步。1962 年，时任美国总统肯尼迪签署了《通信卫星法案》。同年，美国一家私人公司为美国雷神火箭支付了费用，搭载了一次服务，这是美国商业航天史上的一个标志性事件，开启美国商业发射服务先河。20 世纪八九十年代，美国涌现出诸多类似 SpaceX 的公司，如美国太空服务公司研制了首个进入空间的私人投资的探空火箭大篷车 I；轨道科学公司开发了飞马座运载火箭，利用导弹技术研发了金牛座及一系列的固体火箭；基斯特勒公司承包设计的 K-1 火箭（图 6），是第一个完全可重复使用的商业运载火箭。

图 6 基斯特勒公司承包设计的 K-1 火箭

SpaceX 之所以能够取得成功，得益于以下几方面。

其一是技术创新。不断升级的梅林发动机，在设计上能够实现 9 机并联、故障诊断，乃至星舰的 33 台发动机并联。另外是可回收火箭技术，回收的目的是降低成本，能够降低到什么程度呢？20 世纪 90 年代，中国航天工业总公司第一研究院（后改称中国航天科技集团公司第一研究院）发射了 14 颗铱星，还为欧洲的电信公司阿尔卡特 - 朗讯发射了大量卫星，那时，“长征二号”丙运载火箭的发射成本，仅为国外价格的 1/3 ~ 1/2。现在，SpaceX 的商业火箭发射价格，仅为我们的 1/3。从发射效率上，我们发射 1 枚火箭需要 1 个月乃至 1 个多月，SpaceX 1 周即可发射 4 枚火箭。另外，SpaceX 还有诸多设计亮点，如扁平化星座设计、星舰等。

其二是模式创新。SpaceX 提出了殖民火星的梦想，公司与员工利益深度绑定，采用员工持股激励机制。SpaceX 内部盛行包容文化，马斯克说：“如果没有失败过，你就不知道成功的边界在哪里。”这对于传统航天是不可想象的。SpaceX 还采用扁平化管理，在成本控制上，90% 的产品能够实现自我设计生产。

其三，NASA 和美国军方也对 SpaceX 提供了强有力的扶持。除政策支持外，据统计，美国军方、NASA 与 SpaceX 签订的订购合同总额已超过 100 亿美元。早期，美国政府为 SpaceX 提供了人才援助。美国政府通过法令保护，将发动机技术、航天飞机技术授予 SpaceX 使用。在发射场方面，美国政府以 1 美元租金，将当时的“土星五号”登月工位使用权授予了 SpaceX。NASA 之所以扶持 SpaceX，其核心诉求就是降低航天成本。NASA 崇尚一种理念，即破坏性的创新更容易在新的组织里产生。

传统航天成就了 NASA，美国实现了载人登月（图 7）。技术创新，使得 NASA 开发出“土星五号”和航天飞机等技术典范。但是高昂的费用和低效管理这两大痛点也限制了 NASA 的发展。如何破局？NASA 利用社会资本与国家保障来破解发展的经济压力，利用技术创新与模式创新来破解发展的制度瓶颈。

图 7　1969 年 7 月 21 日，美国宇航员登陆月球

当前，美国全面开放低轨卫星发射市场，允许私营企业承接国际空间站货运任务；建立军民卫星数据共享机制，SpaceX 等企业已进入军事发射领域；加速部署卫星互联网星座，通过商业项目推进太空军事化；掀起低成本、大规模的火箭发射热潮。这些都是美国商业航天发展的一些现状。

三、商业航天支撑大国博弈

商业航天支撑大国博弈，表现为以下几方面。

第一，抢占频轨资源。轨道和无线电频谱都是有限资源，不可再生，国际社会采用的是先到先得的原则，频轨资源争夺激烈。全球目前在轨运行卫星 8247 颗。其中，美国在轨卫星 5890 颗，占比 71.42%；

中国在轨卫星 720 颗，占比 8.73%；俄罗斯在轨卫星 212 颗，占比 2.57%。

第二，争夺国际市场。《SpaceX、星链与特斯拉：迈向轨道》报告中对“星链”的营收进行了测算，认为到 2030 年“星链”市场占有率将达到 33.3%。

第三，提升国际影响。从经济社会来看，商业航天全球化是必然趋势。商业航天以经济全球化为中心，以信息化、网络化为手段，以国际市场需求为目的，推动航天产业供给侧结构性改革，扩大商业航天产业的国际竞争力和影响力，维护国家安全和国家利益。

第四，构建军事优势。自 2013 年美国空军航天司令部发布《弹性和分散化空间体系结构》白皮书后，美国开始在太空体系弹性建设发展中引入分散性、分布性和多样性的卫星星座，并通过 SpaceX、轨道 ATK、蓝源等多家商业公司，确保美国在对抗环境下仍具备强大的卫星发射能力。“星链”在乌克兰的使用模式如图 8 所示。

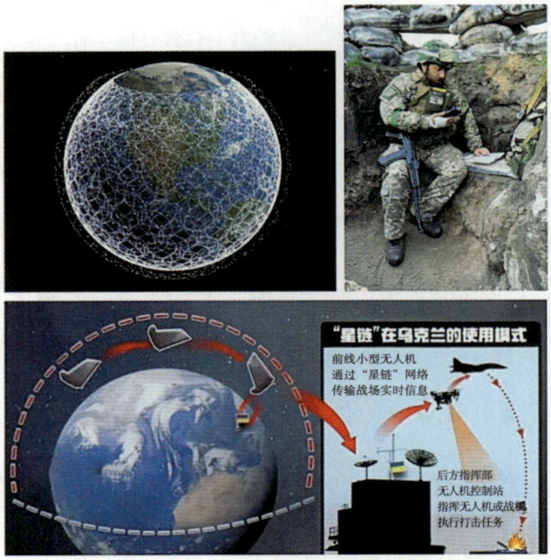

图 8　“星链”在乌克兰的使用模式

四、我国商业航天发展现状

中国商业航天已经从喧嚣的1.0时代走到了更加冷静务实的2.0时代。

1.0时代，我们解决了基础制造与产品研发的问题，商业火箭开始入轨，但技术创新不足、竞争力较弱，运营角度还存在一些短板。总体而言，这个时段的中国商业航天，存在下述问题：第一，应用端和消费端薄弱，没有成熟的商业模式，商业火箭公司、商业卫星公司是走不远的。第二，技术创新弱，企业内卷严重。我国政府高度重视卫星互联网建设，这让企业嗅到了发展机遇，但发布一个任务，通常有几十家企业同时参与竞争，商业卫星公司、商业火箭公司基本都是依靠融资来消耗比拼，依靠低水平技术重复来竞争。另外，为获取融资，一些民营商业火箭公司过分夸大火箭运载能力，欺骗投资方与地方政府。第三，顶层设计仍需加速完善。第四，缺乏系统、整体、清晰的战略思考和战略谋划。

中国商业航天经过近10年的发展，已迎来最好的发展机遇，已由基础制造、产品研发的1.0时代，向应用牵引、市场主导的2.0时代加速布局。基本标志为：从火箭层面看，我们已经有了可靠、经济、稳定的发射服务，能够提供一吨以上的运载能力；技术创新方面，商业航天企业开始形成自主性较强的技术路线和研发能力；形成批量生产能力，开始强化服务意识；开始尝试在体制之外建立商业航天的供应链。

2020年，卫星互联网首次被纳入新基建范畴，成为贯穿“十四五”规划的重点建设方向，各地政府将商业航天作为“十四五”发展规划的重要组成部分，相继出台鼓励商业航天发展的政策。如海南拟发挥自贸港政策优势，瞄准商业航天发展前沿，推动将海南文昌建设成世界一流的国际航天城。山东烟台锚定东方港航天城重大工程建设，以运载火箭海上发射为牵引，打造商业航天高科技产业集群。北京发布《支持卫星网络产业发展的若干措施》，提出在大兴区、北京经济技术开发区建设商业航天产业基地以及商业火箭创新中心，做强“南箭”；在海淀区建设商业卫星产业基地等，做强“北星”。广州打造中国航天的“第三极”、中国商业航天的“第一极”，南沙区发布“探天九条”从九方面提出扶持措施，中科宇航、时空道宇、小马智行等企业相继落地南沙区。

建立健全关键核心技术攻关的新型举国体制，是对我国科技创新历史经验的坚持和发展。中央全面深化改革委员会第二十七次会议指出，健全关键核心技术攻关新型举国体制，要推动有效市场和有为政府更好结合，强化企业技术创新主体地位，加快转变政府科技管理职能，营造良好创新生态，激发创新主体活力。“新型举国体制”使航天业的资源配置更加优化。一方面通过资金引导、政策扶持、科创板上市等，鼓励民营资本进入商业航天领域，推动民营商业航天企业快速发展；另一方面针对尖端的、短期没有商业回报的方向，由国有企业、国家资本推动。“新型举国体制”使航天行业的协同性更高。激发企业创新激情和活力，形成自主创新合力，构建功能互补、深度融合、良性互动、完备高效的协同创新格局。避免国家航天与商业航天的割裂，产业“小、散、乱”各自为政的局面的产生。“新型举国体制”统筹考虑航天业的经济性和应用性，大力推动航天业的市场化、商业化、社会化，促进航天业的可持续发展。核心是以军民融合、寓军于民为双轮驱动，大力发展商业航天，使航天经济成为涵盖政治、军事、经济、科技、文化的多层次、多功能，具有开放性、扩展性的复合经济形态。

随着对商业航天产业生态的认识不断深入，基本框架日渐清晰，即商业化的核心航天业务、航天技术应用及转化、以大众消费为主体的航天产品体系、航天文化体系共同构成商业航天的完整生态圈。2.0 时代，商业航天整体发展，更趋于理性、务实、稳定、创新和纵深。商业航天2.0时代的开启，意味着商业航天既不是传统航天的补充和附庸，也不是航天产业的简单商业化，而正在作为航天产业社会化大发展的一种基本形态，建构太空文明时代的社会、经济、文化基础。这也是中国商业航天必然的实践路径和发展图景。

未来5年，中国商业航天将进入3.0时代。这一时期的基本标志是：其一，卫星星座大规模组建，运载火箭进入高密度发射阶段，实现低成本大型液体火箭回收和复用；其二，开辟出独属于商业航天的商业模式，如太空旅游及其他大规模商业应用等均得以实现；其三，导航定位、导航增强、低轨互联网及高时间分辨率遥感星座等能为大众和企业提供服务；其四，有望开始亚轨道旅行，票价200万~300万元人民币。商业卫星产业链如图9所示。

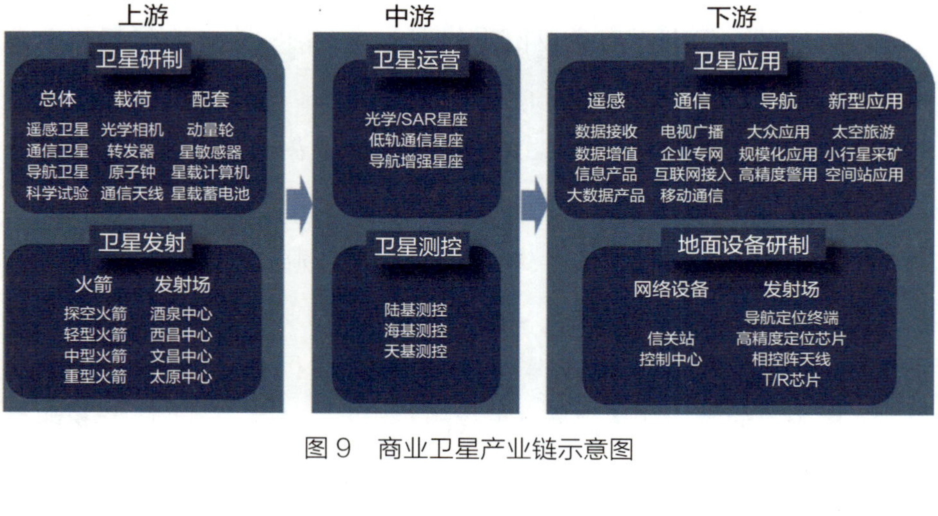

图9 商业卫星产业链示意图

五、商业航天的发展建议

第一，加大政策支撑与引导，逐步开放应用市场。目前，商业航天可以分为三类：第一类是国家队；第二类是类似中科宇航公司的混合所有制企业，有国有资本注资；第三类是民营企业。可借鉴美国商业航天的做法，优先开放低轨市场，对卫星、火箭等项目实行统一招标，取消所有制门槛，确保各类企业公平竞争。

第二，高度重视安全问题，特别是火箭发射。火箭技术是敏感技术，火箭安全涉及国家安全和公众安全，安全是红线、底线。2023 年年初，某型号火箭发射失败，原因是其一级发动机出现异常，按理说火箭应该自毁，但火箭上由于没有设计独立的自毁系统，造成地面无法对火箭实施自毁，这其实涉及对火箭安全的管理问题。商业卫星安全监管也存在同样的问题，我国针对商业卫星的位置、运营状况、能否按要求寿命到期后脱轨等数据、信息仍旧处于空白。在安全监管上，政府应重视对火箭进行定量的安全评价，确保国家安全和公众安全，同时需要对卫星运营安全的问题予以关注。

第三，培育一批具有国际竞争力的优质商业航天企业，鼓励优质商业航天企业上市。目前，头部商业航天企业估值都在上百亿，此时在一级市场中难以融资。美国有许多类似的企业，短期内不盈利，但其盈利模式是成立的，企业本身运转良好，市场前景光明，可从二级市场融资。应通过融资上市加快商业航天企业发展的速度，缩小我国与美国商业航天的差距。

第四，加大国际合作力度。当前，全球尤其是中东国家、东南亚国家对卫星数据产品、运载火箭的需求旺盛。以卫星数据产品为例，目前我国规定卫星数据初级产品空间分辨率不优于 0.5 米，而美国却无此限制，我们应该及早抢占国际市场。另外，这些国家有修建火箭发射场的需求，甚至有研制中小型火箭的需求。应在不影响国家安全的前提下，让中国航天“走出去”，开拓国际市场，在国际市场上赢得一席之地。

互动环节

问题一：以商业航天和传统航天模式开发建设卫星互联网，其优势和劣势分别是什么？

答：不管是世界航天还是中国航天，传统航天已经在航天技术的进步与突破上进行了诸多开创性的工作，并且构建了非常完整的工业体系。正是由于航天技术的积累和航天工业基础的构建，才有了民营航天企业或商业航天发展的根本条件。传统航天更多地承担了国计民生或国家航天技术发展、重大工程的攻关，在这个过程中，为了保证工程的质量、可控性，确保任务成功完成，传统航天采用单件生产的方式，比如只能做一套空间站、一枚“天问一号”探测器。但从商业航天的角度来看，它一定是以营利为目的，在此情况下，低成本、工业化一定是它的基本前提。

问题二：推动传统航天与商业航天协同合作，希望政府做何努力？

答：政府应该从3个层面鼓励商业航天发展。第一，目前，虽然已经出台了鼓励商业航天发展的政策，但就实际情况而言，商业航天尚未和传统航天站在公平的起跑线上竞争，各方对商业航天还是有所担忧。虽然的确要考虑到失败的情况，但政府应该出台更多具体的政策，鼓励更多的民营企业参与进来，并为其提供更公平的竞争环境。第二，政府应该与商业航天一同创造更多的市场，这比给予商业航天资金补贴还有意义。第三，在具体操作层面，政府不要太多地干预商业航天的发展。原来传统航天工业是由政府通盘管理的，需求和任务由国家提出，甚至在任务落实的过程中，政府都是全程参与；而在商业航天时代，政府应该实施“非必要不干预”监管原则，让市场的归市场，把精力放到商业航天供应链建设上。只有当商业火箭、商业卫星里的每一个部件的成本和质量达到商业化水平，我国的商业航天才能真正得以发展。因此，遵照这样的原则，政府在商业航天的管理上也要有一些创新。

问题三：SpaceX 公司的“星链”计划为美国 6G 取得了先发优势，未来，它会不会超越或取代我国在 5G 方面的优势？

答： 先谈谈 6G 的概念，英国学者的看法是 5G 加上卫星互联网等同于 6G，这意味着无论是 6G 产业也好，还是 6G 技术也好，实际上是在过去 2G、3G、4G、5G 的基础上发展而来的，只不过，6G 是在地面光缆之外，又增加了卫星渠道。可以说，SpaceX 公司在卫星互联网的布局层面走在前面，但空间卫星互联网能不能取代地面网络、颠覆地面网络呢？目前来看，从通信容量、通信服务用户数量上，还是很难做到的。当前，最强大的卫星也仅有1T通量，海底光缆的通量比卫星大得多，无论是海底光缆还是地面基站，都很难用卫星完全取代，未来应该说是多种技术手段并存的。

中国科技会堂论坛第三十四期

低空经济：航空新业态大市场

导读

当下，低空经济正成为中国经济的又一发展热点。我国无人机产业遥遥领先，多家企业正加紧研发电动垂直起降航空器，部分地区正积极探索低空智能融合基础设施建设，政府也从空域开放、适航认证等多方面给予产业全方位政策支持，国内低空经济发展方兴未艾。

然而，我国低空经济产业进一步发展，还面临着重构监管体系、开发培育市场等挑战。未来，我们该抓住哪些发展重点，又该如何化解阻力，助力国内低空经济“高飞”？

主讲嘉宾

陈志杰

中国工程院院士，国家空管专家咨询委员会主任委员，空中交通管理系统全国重点实验室主任。长期从事空中管制系统技术研究。曾获国家科技进步奖一等奖、二等奖等。

李世鹏

粤港澳大湾区数字经济研究院低空经济分院执行院长。国际欧亚科学院院士，中国电子学会常务理事。长期从事多媒体、物联网、人工智能等领域的研究。

互动嘉宾

敖万忠 国家低空经济融合创新研究中心主任。长期围绕国家重大战略和国家发展改革重点任务从事区域经济、新型城镇化建设、低空经济等领域研究。

邵建伙 深圳市大疆创新科技有限公司副总裁。民航局无人驾驶航空器运行专家组成员。长期从事无人驾驶航空器政策法规与管理研究。

陆入成 广州亿航智能技术有限公司总工程师。全面负责统筹亿航产品研制工作，推动亿航获得首张无人驾驶载人航空器 EH216-S 的型号合格证。

主讲报告

培育低空经济新质生产力 构建低空生态新发展格局

主讲人：陈志杰

一、低空经济新质生产力概念

2021 年 2 月，中共中央、国务院印发《国家综合立体交通网规划纲要》，正式从国家规划层面提出“发展低空经济”。2023 年 6 月，国务院、中央军委公布《无人驾驶航空器飞行管理暂行条例》，有效支撑无人机产业强劲增长和无人机应用需求充分释放。2023 年 12 月，中央经济工作会议明确提出，“打造生物制造、商业航天、低空经济等若干战略性新兴产业”。2024 年 3 月，低空经济首次写入政府工作报告，并纳入新质生产力范畴。

低空经济是以各种有人、无人驾驶航空器的各类低空飞行活动为牵引，辐射带动相关领域融合发展的综合性经济形态，广泛应用在第一、第二、第三产业之中，在促进经济发展、加强社会保障、服务国防事业等方面日益发挥重要作用。

为什么把低空经济称为新质生产力？新质生产力是创新起主导作用，摆脱传统经济增长方式、生产力发展路径，具有高科技、高效能、高质量特征，符合新发展理念的先进生产力质态。它由技术革命性突破、生产要素创新性配置、产业深度转型升级而催生，以劳动者、劳动资料、劳动对象及其优化组合的跃升为基本内涵，以全要素生产率大幅提升为核心标志，特点是创新，关键在质优，本质是先进生产力。

低空经济新质生产力的三大驱动力，恰恰在于技术革命性突破、生产要素创新性配置、产业深度转型升级。

首先，我们之所以能够提出低空经济，或者能够实施低空经济，很大程度上仰赖智能化、无人平台、新能源等技术的发展，而无人平台、单体智能等技术又为管理智能化、飞行器本身带来无限的想象空间。

其次，我们有海洋资源、土地资源，整个领空是不可忽视的空域资源，要把低空资源作为生产要素放置到所有日常规划配置中，这是极为重要的转变。在这一过程中，要重点研究如何将5G资源、电力资源等要素置于低空经济赛道中。

最后，从产业深度转型升级维度来看，低空经济包含两大层面。其一是对现有产业进行转型升级。例如，以往农林植保绝大部分依靠人工与地面作业，现在利用低空无人机即可进行播种、喷药等作业，这是农业技术手段的升级。其二是随着低空经济的发展，未来将涌现出很多新概念与新事物。例如，无人载人航空器的出现，牵引出城市空中交通的新概念，这是未来解决城市本身、城市之间、城乡之间交通需求的新模式，将会带动新的产业发展。

二、培育低空经济新质生产力

那么，该如何培育低空经济新质生产力？还需从技术突破、管理创新、产业转型三个维度入手。

技术突破方面，包含四个关键技术，支撑着低空经济发展。

关键之一，低空数字化管理技术。飞行器要在天上飞起来，有一些最基本的支撑要素，要采集通信、导航、监视数据，地理数据，还要确定管制空域、适飞空域，识别高大建筑物、高压线，保证飞行器安全高效飞行。采集低空基础数据后，还要构建数字化低空环境保证飞行器飞行。未来低空经济作为经济业态，呈现的一定是高密度的飞行，这就要求我们必须在管理手段的智能化、数据化、信息化模式上作出转变。

面临的难题是，城市低空涉及百亿级的网格化空域管理，需要建立网格坐标系统，打造全新的时空数据管理引擎，构建基于网格化的高精度空域表征与计算方法，以此增强低空空域的精细分配与动态管理能力，满足大规模、高密度、高复杂度低空运行场景的需要。尤其是在城市复杂场景下，如何构建全数字化的低空环境，是目前亟须解决的问题。同时，结合现阶段的飞行需求，构建城市低空航路网，要研究与城市道路及城市周边低空航路网的衔接问题、城市低空航路网构型选择问题。

关键之二，低空智能网联技术。它能够实现起降场、通信、导航、监视、气象、情报等设施组网，提升空地信息一体化服务能力。

难点在于，如何融合运用各种地面网络通信基础设施、低轨卫星网络和低空自组网技术，包括天基导航网、天基遥感网、天基传输网、空基通信网以及地基的5G网、互联网、垂直专网等设施，建设天空地一体、实用、可靠、可拓展的低空信息传输网络化运行环境，形成万物智联的逻辑。

关键之三，低空智能运行管理技术。其一是智能化飞行控制，包括空域控制体系智能与飞行平台个体智能；其二是协同式运行监管，即有人无人协同监管；其三要支撑高密度、大流量运行需求。

难点在于，当前基于人在回路的低空监管技术，无法胜任未来低空高密度大流量的运行管理要求，亟须解决低空智联环境下的空域控制体系智能与飞行平台个体智能的匹配问题。

关键之四，低空运行安全保障技术。低空经济是受政策约束较大的行业，同时也是最可能或最快影响政策的行业，一旦出现颠覆性的安全问题，低空经济发展也就无从谈起，因此安全至为重要。低空体系性安全包含空防安全、飞行安全、公共安全、数据安全、网络安全，这五个安全要素，是下一步低空经济发展必须要面对的。

难点在于，亟须构建集主动式风险防控与被动式风险防控为一体的低空运行安全保障体系，以防范体系失控或体系被控。其中，主动式风险防控，即低空飞行器对风险的自动识别和主动防控能力；被动式风险防控，即非合作目标监视识别。

管理创新方面，目前低空各类各型航空器的进入呈指数级增长态势，对空域管理提出了更为便捷的要求，亟须建立适应以无人驾驶航空器综合应用为主要背景需求的空域管理新政策制度，加快构建低空空域现代治理体系，亟须管理体系、空域管理、飞行管理、运行管理方面的创新。

管理体系将形成政府主责、行业指导、企业主体、社会参与的样态。政府主责，即由省级人民政府牵头，当地军队和民航相关单位参加，承担低空涉及的国防安全、飞行安全和公共安全责任。行业指导，即在制订方案、建章立制、空域规划、试点运行等方面提供专业支撑。企业主体，即企业为低空经济市场的主体。社会参与，即创新应用场景，引导大众广泛参与低空活动。其中，最难的地方在于行业与政府之间的交接，因为需要制定许多规则。

空域管理创新之处，在于打破全国空域单一绝对管制，实施全国空域分类管理。目前,《国家空域基础分类方法》首次将我国空域分为“两级七类”，即管制空域（A、B、C、D、E类）和非管制空域（G、W类），并采用标准气压高、修正海压高、真高等多种高度类型进行分类，在国际上首次为无人驾驶航空器划设W类空域，为电动垂直起降飞行器（eVTOL）及各类无人机飞行提供了广阔空间。

飞行管理的创新之处，其一是颁布《无人驾驶航空器飞行管理暂行条例》，确立无人驾驶航空器综合监管模式，开展无人驾驶航空器、空域分类管理，划出适飞空域。简化无人驾驶航空器飞行活动管理流程，将空域使用申请、飞行计划申请合并简化为飞行活动申请。其二是开发数字飞行规则，促进有人无人融合飞行。过去，驾驶飞机大概有两种模式：一种是目视飞行，依靠飞行员、驾驶者的观察来保证飞行安全；另一种是仪表飞行，依靠查看仪表飞行。如今，我们提出第三种模式，即数字管制模式，根据相遇类型确定间隔标准。我们需要制定中国标准的数字飞行规则（智能航空器交通规则），包含要素庞大、全面准确的数字模型，高度共享的飞机状态、飞行路径和导航性能信息，严格规范且共同遵守的操作规程，高度自动化的间隔监视与控制系统。

运行管理的创新之处，在于由单纯依靠人在回路转向智能管控。传统空管主要基于“有人驾驶、有人管控、系统辅助”理念，难以适应低空运行方式，今后将建立新的空管概念：无人驾驶、智能管控、有人监督。

当前通用航空产业以传统通航交通运输为主，涵盖独立空域实验场景、有人无人隔离飞行。未来的低空经济产业，将涵盖低空多场景综合应用、多主体空域共享场景，呈现高密度、大规模无人运行，有人无人混合运行的样态。当前，低空产业应用场景众多，包括载人物流、城市治理、巡检巡修、农林植保、应急救援、体育竞技、娱乐体验、新型执法、消防减灾等。

同时，未来要发展低空经济产业，一定要让低空产品与更多领域深度融合，产品与服务向大众化发展，要发展城市空中交通、城乡低空物流，满足政府管理与服务需求、企业和市场发展需求、社会公众个人消费需求。目前，制造飞行器已不是主要障碍，最大的问题在于如何让数量众多的飞行器飞起来。

三、构建低空生态新发展格局

如何构建低空生态新发展格局（图 1）？低空产业链从研发、生产、销售到消费，从产业平台到双边服务平台，再到未来产业链构成发展格局，最核心的要素在于三方面。第一，有为政府。需要有为的政府出台相应的政策，为低空经济发展保驾护航。第二，有效市场。如何通过政府引导组建有效的市场。第三，有力支撑。需要产业联盟、行业协会、高校 / 科研院所等为整个低空经济产业做好支撑，让低空经济发展行之有效。

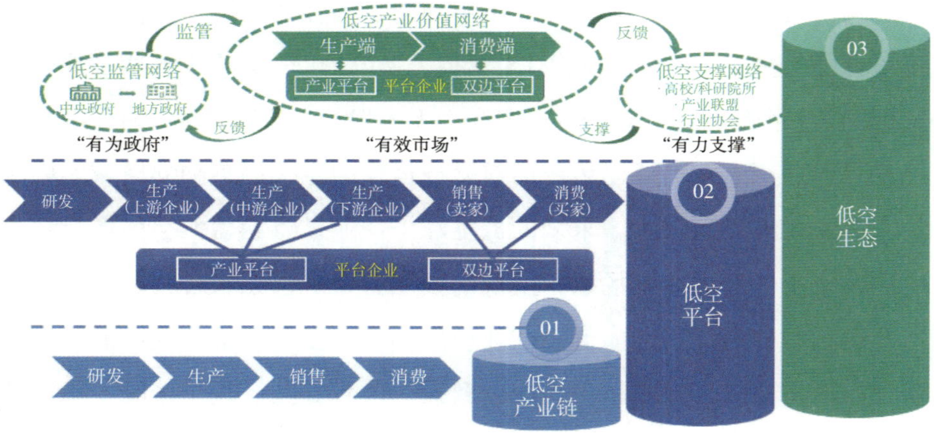

图 1　低空生态新发展格局

低空生态是一个以低空空域为核心的利益相关者构成的有机整体。其主体结构由低空产业价值网络、低空监管网络和低空支撑网络构成。其中，低空产业价值网络由生产者、消费者、平台供应商构成，低空监管网络由中央政府、地方政府构成，低空支撑网络包括高校 / 科研院所、产业联盟、行业协会等。所谓有为政府，即在低空经济的标准设立、规范引导的管理层面发力，有效市场旨在实现资源高效配置和供需均衡，有力支撑旨在推动技术引领、自主可控。

具体来看：其一，有为政府需从管理端建立部门协同管理机制，确立低空安全运行标准规范，因地制宜发展低空运行场景；其二，有效市场从生产端实现无人化智能化转型、优化产业链布局，从消费端实现场景设计开发、需求引导，从服务端进行健全平台建设、提升平台服务质量；其三，有力支撑从支撑端进行低空理论创新、关键技术突破、低空标准建立、机构协同促进、产品供需畅通。

四、低空经济发展建议

第一，各级政府应围绕低空经济新质生产力的培育，制定低空生态新发展格局的战略规划。低空经济布局和产业规划，要因地制宜，避免一哄而上。事实上，很多地方第一阶段的终极目标一致，但发展路径不一定相同。如东北地区，末端物流、载人需求较少，可能要以中段物流主体发展低空经济，也可聚焦城市管理。珠三角、长三角，则要将中段物流、末端物流，城市内、城市之间、城乡之间载人需求，提升城市治理能力等多种要素综合为一体进行设计。围绕低空环境数字化、低空经济布局与产业规划、低空智联环境运行标准制定、低空智联空域规划、低空智联基础设施建设、低空智联运控平台建设、低空智联环境航空器准入评估、低空智联航空器赋能催化，着力做好低空智联新基建工作。

第二，着力拓展低空空域资源，为低空经济发展提供空间。地方政府参与适飞空域划设，应合理设置地面管控范围；协调军队、民航等其他管控需求方精减管控范围，依托技术措施优化适飞空域，实现的连续贯通。

第三，探索场景创新，营造低空经济商业生态。立足地方产业基础与特殊需求，着眼区域经济发展，加快传统有人机和无人机的融合使用和转换替代，基于低空对传统产业升级赋能。以新概念、新技术催生的新场景模式，加快推动传统产业高端化、智能化、绿色化转型。优化营商环境，实行差异化发展策略，鼓励探索低空经济营商新模式。

第四，加快推进新型执法手段建设，保驾护航低空经济健康良性发展。加快推进新型执法管理技术应用，基于智能平台提供的低空航空器的位置跟踪、状态监视、交通咨询、飞行记录等服务；在飞行服务保障过程中，实现无感隐形的空防安全、公共安全监管。

第五，在技术和管理结合上求突破，解决低空安全不托底问题。一靠技术创新，重点提高无人机飞行平台的可靠性和应急能力、机群协同能力及防撞能力；建立安全的网络化、数字化和智能化运维环境，从技术体系上建立安全屏障。二靠管理创新，建立飞行器全寿命周期业务管理规范，依托智能化管控平台，常态化、自动化监管空中飞行器。三靠技术和管理的结合，以技术进步带动管理能力提升，将管理要求融入技术手段，在界定管理责任的基础上，重点抓管理的制度、标准和规范制定，用智能技术去落实标准规范，构建可托底的低空安全管理体系。

主讲报告

紧抓低空新机遇　构建新质生产力

主讲人：李世鹏

一、我们对低空经济的认知

从历史维度来看，人类有过数次勇闯无人区、拓展新空间的尝试，从发现美洲大陆，到征服太空，再到尝试开拓低空世界。

一直以来，低空是一个被忽视和浪费的空间，大部分空域是被闲置的自然资源，亟待人们去开发和利用。人类向低空拓展，不只是人类活动一个尺度的扩张，更是一个维度的扩张，是人类勇闯无人区的又一范例。随着现代技术的进步，低空飞行将规模化和常态化，低空空域将转化为新的经济资源，低空经济会带来生活、工作和产业的范式升级，是经济新的增长极，是新质生产力的代表。

那么，如何将低空从自然资源转变为经济资源？核心在于：其一是可通达，低空空域虽然可以通过飞行器进入，但无法使用常规的物理空间手段标记、丈量和划设，天然需要在数字空间（数字原生）去描述、表达、测量、规划和利用；其二是可计算，由于感知、通信、雷达、光电、定位、卫星、监测、物联网、数字孪生、模拟仿真和智能技术的迅速发展，低空空域现在可以完全数字化成可计算空域；其三是可运营，在可计算空域的框架下，可以对庞杂的大数据进行处理，让规模化、安全和高效的低空活动成为可能，使低空空域可以确权、估值和运营，进而发掘其巨大的经济价值。

低空蕴藏着甚至超过土地资源的巨大经济价值，又有无人机产业为基础，地面交通系统为参照，低空飞行可行、可控、可靠，为我们提供了无限可能的新空间。低空经济，将传统二维的地面活动扩展到了三维低空空间，打造具有点对点、便捷、及时、高效、低碳等显著优点的新交通方式。低空经济依托人工智能、通信、传感器、数字孪生等数字技术，可产生超万亿级的经济增量，成为新的经济增长极和新质生产力的代表。低空的空中优势和高效灵活的交通方式，将催生更高维度的创新应用，打造工作生活的新范式，满足人们对更美好生活的追求。

低空经济具有可观的发展前景，下面我们从六个角度加以分析。

从产业角度看，低空经济是一条具有高度延展性的全新产业链。低空经济可以充分享受信息化、网络化、数字化、智能化技术发展带来的红利，将实体经济与数字经济完美融合在一起，全面带动国民经济发展，打造一个包括低空制造、低空飞行、低空保障和综合服务的超万亿级高度延展性的全新产业链。

从需求角度看，能够以新的消费需求创设助推消费升级。低空经济所特有的点对点、地域限制小、经济成本低、运行效率高、速度快等优势，必将带来更多新场景、新应用、新服务和新业态，通过创设新的消费需求，不断助推消费升级，创造新的经济发展空间。金融机构摩根士丹利（Morgan Stanley）估计全球城市空中交通（UAM）市场 2040 年前达到万亿美元。

从投资角度看，低空基础设施建设将带动有效投资。加快新基建正成为扩大有效投资的重要途径。低空经济作为面向未来发展的全新领域，与传统交通方式比较，具有投资少、收效大的特点，拥有广阔的应用前景。就其产业本身而言，启动阶段包含低空通信、导航、定位、气象、地图等众多领域的重大基础设施建设，将持续有效拉动投资。

从标准角度看，有利于我国率先在低空经济领域创设新的标准和规则。面对国际上低空领域“竞标争先”的态势，大力发展低空经济，加速制定与低空经济相关的产品、人员、运行、责任、权利、登记、环境、安保、保险等方面的规则及标准，有利于掌握行业发展主动权，为我国在全球的科技角力中赢得先机。

从要素角度看，探索创设空域使用权能够促进低空空域向经济资源转变。以数字化的手段创建可计算的空域，创设一个类似“土地使用权”的“空域使用权”的新型生产要素，推动低空空域转化为可量化、可定标、可分层、可利用、可权益化、可资本化、可回收、可随时重构的经济资源，对低空空域进行深度确权、开发、流转和利用，从而产生巨大的经济价值和社会价值。

从安全角度看，发展低空经济有助于低空空域的有效管控。发展低空经济，为空管部门提供一整套可精细化管控空域的科技工具，为运营企业提供安全、可靠、高效的可支撑规模化低空活动的智能服务，实现监管方、产业方、运营方和管理方的多方协同，有利于在安全可控的前提下，实现低空经济规模化、可持续、高质量的快速发展。特殊时期还可以辅助国防。

二、深圳如何发展低空经济

深圳是如何发展低空经济的呢？我们可将其归结为以下四点。

第一，安全至上。保证飞行安全、运行安全、社会安全，以及国家安全、空域安全、公共安全等。唯有在保障安全的前提下，低空经济才能有效发展。

第二，应用为王。发展低空经济最核心的地方在于要有经济形态，低空经济基础设施建设在保证安全的前提下，要满足企业对低空运营、开展低空业务的需求。其一，目前头部企业的应用已经走在前面。如美团、顺丰、东部通航等头部企业，已探索出成熟的低空解决方案、运营模式和商业模式。美团无人机落地 11 个商圈、25 条航线，累计配送超 24 万单；顺丰无人机日均配送超 6000 单。东部通航在深圳马峦山试飞 eVTOL 载人服务和空中的士，2024 年深圳市直升机飞行量超 2 万架次。其二，应用驱动，扩大存量，建立联盟，形成标准。理解已有低空业务的需求，打造低空基础设施，帮助企业降本增效减负。拓展新的航线，逐步精细化空域管理。建立产业联盟，标准化共性基础功能模块。其三，驱动应用，创造增量，打造生态，创新应用。建设开放低空平台，鼓励更多新业务、更多新应用、更多新场景进入低空领域。打造聚集性低空经济产业园，促进低空产业生态的形成。参照互联网产业的兴起，引导低空经济成为投资新热点。

第三，政府为主。低空空域是公共资源，具有公共属性，必须由政府管理。政府要制定规则，包括划分管制空域、制定法律法规、执法维护秩序。同时，政府还要推动和主导共性的低空基础设施的建设。

第四，技术为底。发展低空经济，需要依托电机、电池、飞控、材料等成熟的低空飞行器技术，4G/5G、远距通信、微波等泛在的感知和通信技术，以及大数据、人工智能、数据安全等先进的数字技术。

深圳在发展低空经济的过程中取得了三项突破：其一是技术突破，在通信导航监视系统（CNS）技术、创建低空智能融合基础设施、打造精细化低空空域管理与服务系统、低空飞行器技术上取得突破；其二是政策突破，实现军、民、地三方联动与协商，改革试点、开放空域、协同合作，法规保障地方政策鼓励扶持；其三是机制突破，通过政府领导、专家指导、产业引导、科技先导、生态互导不同主体间的互相协调，营造新机制，共同在低空经济领域发力。

深圳具备率先发展低空经济的重要基础和先发优势。

第一，具有中央赋予深圳先行先试的政策优势。在低空空域管理体制改革和开发应用方面，中央从综合改革试点、鼓励市场准入、鼓励研发创新等方面给予深圳一系列先行示范的重要政策，寄希望深圳能探索新的路径。

第二，具有以统筹发展与安全为管控导向的空域优势。深圳低空空域管控兼顾发展与安全，为加快发展低空经济提供了良好空域环境。从管控导向看，南部战区对低空空域的使用持开放开度，探索军民融合、协同运行、安全高效的低空空域管理模式。从空域需求看，深圳市场主体对低空空域使用的潜在需求巨大。

第三，具备支撑低空经济发展的最完备产业链优势。已集聚 1700 余家低空经济产业链企业，2023 年低空经济总产值超过 960 亿元。拥有一批在低空经济制造、服务领域的龙头企业，如大疆、丰翼、美团、中信海直、东部通航。从强链补链看，重点招引德国百合（Lilium）、峰飞航空等头部企业，补齐了产业链短板，初步形成一定经济规模和链条成型的产业集聚。从应用场景看，覆盖物流配送、城市治理、应急救援等。

第四，已经形成系统谋划、凝心聚力促发展的先发优势。形成了政策体系，成立了低空经济领导小组、低空经济专家委员会、低空经济产业协会，出台了《深圳市低空经济产业创新发展实施方案（2022—2025 年）》（规划），颁布了《深圳经济特区低空经济产业促进条例》（立法），出台了《深圳市支持低空经济高质量发展的若干措施》（激励），培育了“20+8”产业集群（战略），率先启动低空智能融合基础设施的建设（抓手）等。

三、低空经济的特性与挑战

低空经济存在哪些发展痛点？低空飞行器技术日趋成熟，飞行密度渐高，频次渐多，但缺乏科学有效的低空飞行管控服务技术和系统，数字化水平低，基础设施（图 2）不完善，存在空管“看不见、叫不到、管不住”，企业“不敢用、不能用、不好用”的突出问题。

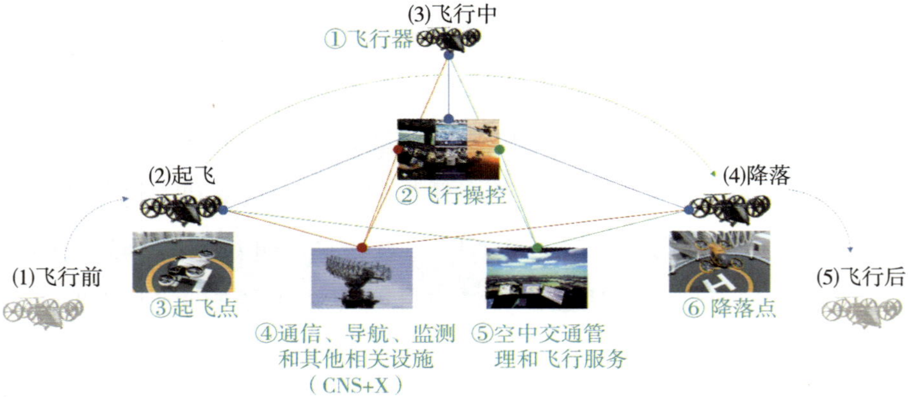

图 2　低空基础设施的基本组成部分

其一是技术手段缺乏。缺乏精细化技术手段和平台进行有效的低空飞行管控服务，低空通信、导航、监视等基本安全保障能力不足，严重制约低空空域开放与低空产业规模化发展。

其二是机制体制不顺畅。管理机制体制与低空经济发展形势要求不适应，低空空域未充分开放，地方政府参与管理的力度和手段不足，飞行计划审批复杂。

其三是顶层设计不足。法律、法规和规则的建设和实施滞后，缺乏最新技术手段和数据依据做支撑，导致低空的管控和交通规则、法律法规只能按最保守的方式制定。

其四是基础设施标准尚缺。各企业重复建设、分散使用导致低空基础设施没有统一的整体规划和标准，难以共享共用低空资源与信息，空域及基础设施利用率低，造成资源浪费。

低空空域以“高密度、高频次、高复杂性”为属性特征的大容量融合飞行，对整体管理的模式提出了新的挑战。以深圳为例，未来 10 年内同时在空的飞行器将超过 10 万架，在高密度的飞行区域，单位平方公里同时在空飞行器会超过百架，高密度的飞行对飞行器的定位、导航、航线规划与动态协调、应急避障等都带来巨大挑战。

在低空领域，在一个城市上空，未来每天将有和地面汽车相当量级的低空飞行器起降架次，如果考虑到更多新业务的出现，起降次数将进一步增长，飞行器起降将带来大量的审批、沟通和调度需求，不仅对整体管理的模式提出全新挑战，也对地面基础设施提出新的要求，其中包括物理设施起降点的合理规划、地面数字设施的能力和覆盖，以及围绕无人机的维护和服务的相关准备。

城市建筑环境呈现显著动态特性，地面、电磁、气象条件和飞行环境等动态因素带来高复杂性，需要及时监测并应对，需要采用新的技术手段，避免安全风险。

有别于运输航空，低空活动具有强大的数字原生性，在运营环境、飞行器、飞行规则、飞行管理模式上都具有天然的数字化属性。当前航空领域的管理体系和基础设施、信息化工具和管理模式都不能适应低空对数字化能力的更高要求。低空经济发展缺乏数字化的“空中之路”以及“路上”的科学、有效、安全的“交通规则”。

四、低空智能融合基础设施

因此，我们就开始思考如何建设低空智能融合基础设施，结论就是要在深圳建“四张网”（图3）。

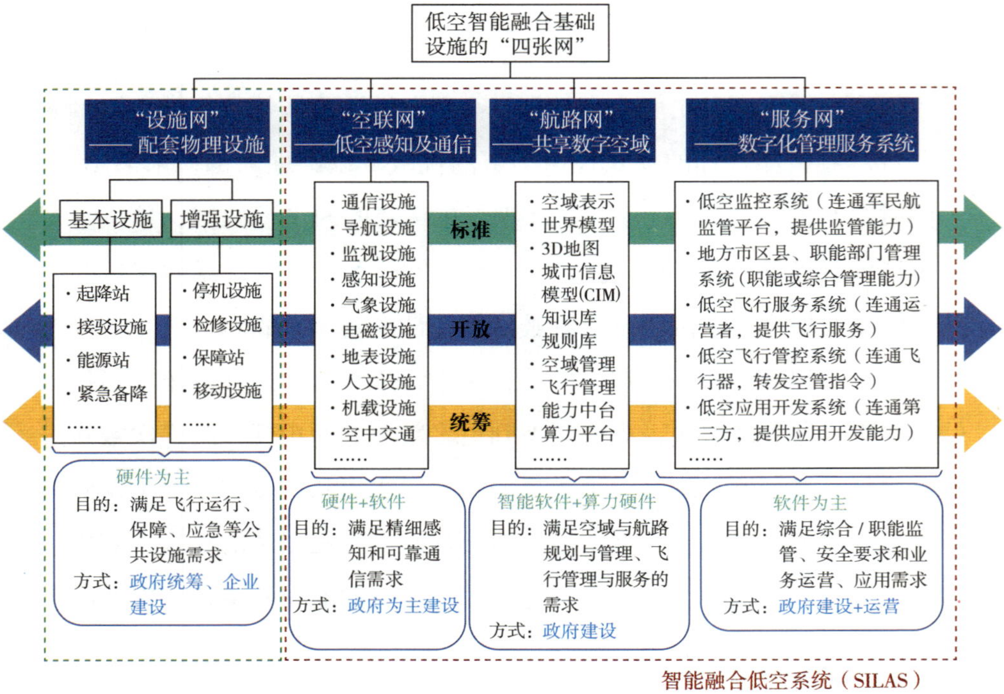

图3　低空智能融合基础设施的“四张网”

第一是设施网，包括起降设施与配套设施，目的是满足企业商业需求。第二是空联网，满足低空感知与通信需求，包括通信设施、导航设施、监视设备等。第三是航路网，满足航路规划与验证的需求，用数字化手段、智能化进行航路规划、空域划设和飞行管理服务。第四是服务网，搭建低空监控系统、低空飞行服务系统、低空飞行管控系统，满足职能部门监管安全要求和企业飞行要求。

设施网解决有限的地面、空域和频谱资源共享共用的问题，空联网解决军民航对低空飞行器“看不见、呼不到、管不住”的基本安全问题，航路网解决“异构、高密度、高频次、高复杂度”低空飞行的安全、效率和成本问题，服务网解决低空经济“管理、资源、业务、运营”等多主体、多业务、全方位协同问题。

以深圳地区为例，图 4 列出了低空智能融合基础设施的关联主体。可以看到，这是一个庞大的系统。

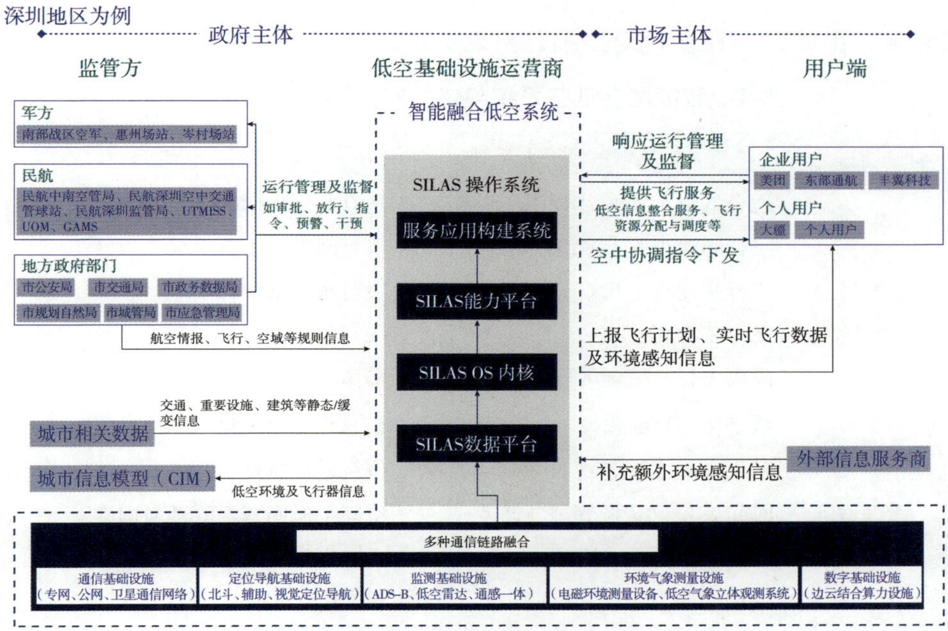

图 4　深圳低空智能融合基础设施的关联主体

再就是低空智能融合基础设施的定位和边界。其一是多方主体，服务管理方、资源方和业务方，既有管理能力，也有服务能力。其二是开放平台，统一的开放的数字基础、能力中台、操作系统，允许第三方贡献、优化和使用平台。其三是清晰边界，提供数字化工具，辅助但不干涉各关联主体利用系统打造内部管理或业务流程。其四是规则演进，支持统一的、不断演进的规则和标准，兼容过去和未来。

低空飞行与传统民航、运输航空有何区别呢？表 1 列出了智能融合低空系统与传统航空管理系统之间的区别。重点来看，传统大民航完全基于航线运作，航线比较固定，沿途有基础设施做保障。而这样的方式并不适应于低空飞行，低空飞行器可能会在所有适飞空域飞行，这种情况下，就要把传统的航线空间分配转换为时间与空间并行的空域资源的分配，由此，颗粒度打得很细，可以灵活动态分配航线。

表 1　智能融合低空系统与传统航空管理系统的区别

项目	智能融合低空系统	传统航空管理系统
场景特点	适合低空（1000 米以下） 飞行间隔小（十米级或更小） 飞行密度高（几万） 飞行频次高 隔离飞行→融合飞行	适合高空（6000 米以上） 飞行间隔大（公里级） 飞行密度低（几十） 飞行频次低 隔离飞行
管理理念	数字化→智能化 基于全部适航空域 时间 & 空间资源管理与调度 智能操作 + 人工辅助 细粒度	信息化→数字化 围绕适航航路 空间 + 时间资源管理与调度 人工操作 + 数字辅助 粗粒度
空域管理	可高动态空域 / 航路划设 空域监测 / 态势感知	大多静态空域 / 航路划设 航路监测 / 感知
飞行管理	模拟飞行 + 实时飞行 航迹预测、预警	实时飞行 航迹监测、示警

智能融合低空系统提供的核心能力在于：一是对整个空域监控管理；二是对适航航路的设计与规划；三是对具体飞行任务的风险评估；四是起降资源、时间的分配与精细起降智能服务；五是飞行中的对具体飞行器的信息服务，空域、航路和飞行器协调，航路调整，空管指令，

风险预警，航路监控，法规监督等；六是异常合作飞行器的识别、校正和接管；七是识别非法飞行器，并建议处置（追踪、迫降、捕获、禁止、击落）。

智能融合低空系统是一个平台和操作系统，其核心是以数据驱动，如果有新的规则加入，可以很容易通过规则语言编译为可以执行的流程来匹配新的规则。

基于时空资源与进程管理的智能融合低空系统，可以实现全空域资源调度、时空资源管理、时空进程管理。

智能融合低空系统将低空空域作为一个整体来动态考虑和计算相应管理和服务逻辑，面向多种应用与大规模飞行，而不是只是考虑一条静态航线；是适应未来诸多主体的逐步演变的复杂规则的系统平台和底座，而不是一个 App。该系统统一了与底层硬件基础设施的接口规范及与各飞行器、与各方的服务接口规范；统一了系统能力模块与应用模块的接口规范，技术提供方可以在统一的平台上验证和接入其技术方案；让应用只关注在它本身应该关注的业务上。该系统将时空作为资源而设计的支持新的时空进程的操作系统，往前进展为未来更加灵活的新的基于可用时空的飞行规则（智能飞行）；往后通过设定限制条件，支持基于已有飞行规则（目视飞行、仪表飞行和数字飞行等）的传统飞行。

在此要特别强调数字空域和飞行管理的系列标准规则。其一是服务标准，用以规范低空服务的供应商和运营商，明确低空服务应达到的能力指标，确保整个低空经济领域的运行更加安全、高效和可靠。其二是用户标准，用以规范低空业务运营用户，是低空用户的准入标准，对低空运营者提出能力上的各种基本要求，以确保整个低空生态系统的稳定和安全。其三是运行标准，制定一套全面而细致的行为规范，适用于各管理部门、管服系统和业务运行用户。

真正要把智能融合低空系统做到满意的程度，预计需要花费至少10年时间。整个航空管理还处在数字化的初级阶段，系统允许处在不同智能水平等级的模块和能力混搭在一起无缝协同工作；允许不断演进的管理和飞行规则即时落实到系统运行中；允许第三方按照统一标准贡献或者优化相关模块或子系统。

图5是低空基础设施技术线路图。从飞行规模来看，前期基于现有的技术水平，智能融合低空系统支持已有飞行规则/系统，支持已有的业务，打造一个粗放但已能发挥其作用的系统；随着技术和系统的发展，优化、精细化空域管理系统，允许飞行密度逐步递增。从管理和服务对象来看，前期智能融合低空系统将主要聚焦在对单个飞行器以及飞行任务的个性化管理和服务；随着在空飞行器数量激增，通过制定空中交通规则，将拓展到对飞行器群体的宏观或计划管理和服务。从系统区域来看，前期智能融合低空系统支持分散的有业务需求的试验区，逐步过渡到对整个城市空域业务区域的支持；单区的分布式子系统可以随意增删、互相连接成更大的整体系统。从系统来看，前期智能融合低空系统以隔离飞行为主，同时考虑未来空域是一个共享的经济资源，为最大效率地利用空域资源，逐步过渡到融合各种飞行器、飞行业务、飞行模式于同一个空域。

图5　低空基础设施技术线路图

目前，深圳已经在坪地低空测试场、星河 WORLD 融合场景、龙岗坂田试验区、宝安试验区、盐田马峦山试验区、南山后海试验区开展了智能融合低空系统实际应用场景测试。

互动环节

问题一：发展低空经济，需要进行怎样的创新融合发展？

答：发展低空经济，不是要重新建立一套新的系统，而是在现有的体系基础上进行继承和改革创新。从继承层面上讲，主要是针对有人机产业，其已在国内外发展了很多年，拥有成熟的运营体系和管理体系，需要继承下去。截至 2023 年年底，我国有 2 万多家无人机制造企业，实名登记的无人机达 120 万架，全年累计飞行超过 2300 万小时。未来几年，无人机持续发展的强劲势头仍将继续。如此庞大的规模，再加上现在的 eVTOL 物流、城市空中交通等新场景，对运营、运维、安全等提出了新的挑战。因此，我国需要加大深化改革，优化提升，在改革方面要实现大胆的创新，通过构建创新生产关系，为适应低空经济实现新质生产力。

低空经济的融合，主要体现在三方面：管理实现融合、产业实现融合、跨界实现融合。管理怎么融合？低空是军地民协同管理，高效提供了管理效益。产业融合，已经从平面经济或者二维经济，跃升到三维经济和立体经济。空地融合，地面生产工具跃升为空中航空器，是空地深度融合，将低空作为生产要素和资源赋能地面经济的方方面面。其中关键的问题在于：第一是要创造重要应用场景，催生一批产业落地；第二是各部委要密切协作、提高效益，提高效能管理。

问题二：从全球范围来看，我国低空经济处在什么位置？其他国家发展情况怎样？

答：国际上，我国是第一个完整提出“低空经济”概念的国家。从国际发展情况来看，西方的通用航空发展水平比我国发达。前几年，随着 eVTOL 的推出，美国提出 UAM 的概念，即“城市空中交通”的概念，设想未来可利用 eVTOL 引领城市空中交通的发展，代替城市的公共汽车。目前美国是在交通维度上诠释低空经济的未来发展样貌。而从低空经济的技术维度来看，包括无人平台、航空器等，我国的技术水平是占优的。从飞行管理维度来看，国际民航组织已经开始搭建数字飞行规则，我国也在同步构建。我们之所以将低空经济作为一个赛道提出，主要是基于三个条件：一是目前我国低空经济前沿技术水平在全球领先；二是我们有可能在低空经济领域拥有对标准制定的话语权；三是我们拥有有效的国内市场，在此基础上，也可以同步向国外市场推进。

目前来看，低空经济发展最好、管理系统最完善的国家：第一是美国，美国的通用航空器接近 20 万架，拥有几万个小型通用机场，低空管理、低空网络相对发达，以载人运输和消费为主；第二是巴西，该国通用航空业非常发达，由军方按照统一标准管理，另外，巴西的通用航空制造业也比较发达，通用航空器拥有量、飞行量都相当可观。

问题三：从实操层面来看，在目前界定低空经济发展规则的环境之中，企业遇到的具体问题有哪些？

观点一：目前，办理单机适航证（AC），需要提前一周向中国民用航空局提交图样，图样批准后，再返回交由无线电管理机构批准，无线电管理机构批准后再提交飞机注册，整个过程大约需要三周的时间。这是由于单机适航证由中国民用航空局与地区管理局共同负责批准颁发，审定工作人员数量少，审批周期较长。过去，针对传统航空器的单机适航证审定，每年也许仅需审定几架飞机，而随着低空经济的发展，审批工作量或将激增至每年数万架，现有的审批流程将无法满足新需求。建议把单机适航证的审批权限下放至市、县一级窗口办理。

观点二：低空空域管理改革虽已进行多年，但面对低空经济发展新的需求和供给，目前的改革力度远远不够，低空空域未充分开放，一定程度上阻碍了低空应用场景落地的进度。如无人机在农业植保领域的市场需求旺盛，然而，按照目前的适飞空域划设范围，大多数的无人机农田作业属于违法。

版权声明